JINSHU QIEXIAO DAOJU
YU JICHUANG

金属切削刀具
与机床

朱派龙　编著

U0390121

化学工业出版社
·北京·

图书在版编目（CIP）数据

金属切削刀具与机床/朱派龙编著. —北京：化学工
业出版社，2016.8（2025.2重印）
ISBN 978-7-122-27389-5

Ⅰ.①金… Ⅱ.①朱… Ⅲ.①刀具（金属切削）②金
属切削-机床 Ⅳ.①TG

中国版本图书馆 CIP 数据核字（2016）第 140062 号

责任编辑：贾　娜　　　　　　　　　文字编辑：项　潋
责任校对：宋　玮　　　　　　　　　装帧设计：刘丽华

出版发行：化学工业出版社（北京市东城区青年湖南街 13 号　邮政编码 100011）
印　　刷：北京天宇星印刷厂
787mm×1092mm　1/16　印张 12　字数 320 千字　2025 年 2 月北京第 1 版第 8 次印刷

购书咨询：010-64518888（传真：010-64519686）　售后服务：010-64518899
网　　址：http://www.cip.com.cn
凡购买本书，如有缺损质量问题，本社销售中心负责调换。

定　　价：48.00 元

前言
FOREWORD

　　常言道："工欲善其事，必先利其器"，这在机械加工工艺系统里主要意味着要选择合理的刀具及机床。刀具和机床是机械加工工艺系统四大组成子系统中的两个重要部分，而且机床又有着"工作母机"之称。

　　改革开放以来，机械制造业发展迅猛，新技术、新工艺、新设备日新月异、层出不穷，特别是数控技术的广泛应用为传统的机械制造业注入新的活力并带来生机。为了适应新形势下的教学和知识积累需要，特编著出版《金属切削刀具与机床》一书，其特色主要体现在如下几个方面。

　　(1) 系统性　切削加工与磨削加工并重，磨削加工中砂轮磨削与砂带磨削并重，传统磨料与超硬磨料并重，传统机床与现代机床并重。

　　(2) 新颖性　形式上，所有插图创新地采用了中英文同步标注；内容上，注入诸多新理论、新知识、新技术，如涂层刀具材料及标识、脆性材料的磨削去除机理、无心式超精加工、轮式超精加工、无心磨削外圆锥面、新型金字塔砂带（Trizact）、弹性（软）砂轮、多轴箱体可换组合机床、并联机床、直线电动机、电主轴等。对于砂轮修整提出全新的分类和解释，即分为宏观修形、微观修锐和刷新。

　　(3) 逻辑性　章节布局、循序渐进、由浅入深。叙述方式深入浅出，如对展成（包络）法形成加工表面的解释 [图 1.6 (i)]，十分便于理解。

　　(4) 实用性　应用为主、理论为辅，基本原理和理论作简明介绍，各种刀具和机床的应用场合则图文并茂、一目了然地着重介绍。全书还穿插诸多实用案例，如常用的手动工具、手持磨抛、车床变成磨床，大型筒体内表面磨抛加工、套料钻加工、复合刀具加工、内喷麻花钻等。

　　基于上述四大特色，本书不仅可以作为各类大中专院校教材使用，它更是广大一线工程技术人员拓展视野、开拓思路、学新创新的抛砖引玉之利器。

　　本书由朱派龙编著。尽管笔者有着丰富的企业一线技术工作和高校教学经验，但是由于个人所见可能偏颇，认识局限在所难免，衷心希望读者能够反馈有益信息以求本书日臻完善。

编著者

目录
CONTENTS

绪论 ....

第一章 金属切削加工基础

第一节 金属切削加工及工艺系统 .... 2　　第四节 切削用量三要素 7
第二节 工件表面及其形成原理 .... 3　　第五节 切削层参数 8
第三节 切削运动及切削方式 6

第二章 刀具结构及材料

第一节 刀具结构 .... 11　　第三节 刀具材料 18
第二节 刀具角度 13

第三章 切削过程

第一节 切削变形、切屑、断屑、　　　　　第三节 切削热、切削温度 37
　　　 积屑瘤 .... 29　　第四节 刀具磨损、耐用度 39
第二节 切削力、切削功率 .... 35　　第五节 合理切削条件的选择 42

第四章 磨削加工

第一节 磨削原理基本知识 .... 54　　第三节 砂带磨削 79
第二节 砂轮磨削 .... 61　　第四节 精（光）整加工技术 91

第五章 各类刀具及其应用

第一节 手动工具 .... 106　　第四节 孔加工刀具 118
第二节 车刀 .... 109　　第五节 往复运动加工刀具 125
第三节 铣刀 .... 113　　第六节 齿轮加工刀具、螺纹刀具 129

第六章 机床与应用

第一节 机床分类与选用 .... 143　　第三节 传统加工机床 152
第二节 机床重要功能部件 .... 144　　第四节 现代机床 168

参考文献 ....

金属的切削工基础

1. 金属材料制造技术的总体认知

制造技术的工艺方法林林总总，但基本上可以归结为两大类，即成形和加工，如图 0.1 的虚线左右分隔，左边的"成形"大类更多场合用于毛坯的准备；右边的"加工"大类主要用于零件的达到图样要求的最终成品加工，其中的传统加工技术的工艺方法又分为：车、铣、刨、镗、钻、拉等切削去除的切削加工和主要由砂轮磨削、砂带磨削构成的产生磨屑的磨削加工两类。非传统加工技术工艺方法分为靠热量蚀除和化学能腐蚀的腐蚀加工类和靠机械能（磨料）的磨蚀加工类。

必须指出的是：传统的磨削加工的磨具（砂轮、砂带）的磨料基本上是固定的形式；而非传统加工的磨蚀加工（超声冲击研磨、磨料流挤压珩磨、磨料喷射加工、磨料水射流加工、磁性磨料加工）类使用的磨料基本上是游离的、不固定的形式，因而称为"磨蚀加工"，而非磨削加工。

图 0.1　制造技术分类（classification of manufacturing processes）

2. 简单零件的制造方法

常用的简单零件的制造方法见图 0.2。

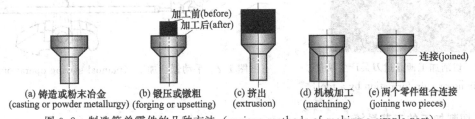

图 0.2　制造简单零件的几种方法（various methods of making a simple part）

习题

1. 制造技术主要分为哪两条主线？其中哪一条主线以冷加工为主？
2. 常见的简单零件有哪些制造方法？

第一章

金属切削加工基础

第一节 金属切削加工及工艺系统

1. 金属切削加工

如图 1.1 所示，金属的切削加工实质就是切屑的形成过程。具体地讲，金属切削加工就是通过切屑的形成和排除改变零件的尺寸、形状、表面间的位置关系，并获得需求的表面质量。

通常的金属切削加工是一个材料减少的过程，即加工后的零件重量小于加工前（毛坯）的重量。

金属切削加工还是一个价值增加的过程，即金属切削加工后的零件的价值和价格都比加工前的高，增加的产值常常包括了操作者的工资、企业的利润、固定资产的折旧以及相关的管理费用等。

金属切削加工的基本形式有车削（图 1.1）、铣削、刨削、钻削、铰削、攻螺纹、镗削、滚齿、插齿、拉削、锯切、磨削等机动形式，以及手工锯切（图 1.2）、锉削、刮研、手动攻螺纹、手动铰削等手动操作形式。

图 1.1 切削加工即通过刀具产生切屑
(machining or chip formation by a tool)

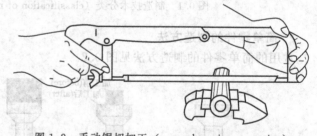

图 1.2 手动锯切加工 (manual sawing operation)

2. 切削加工的工艺系统

金属切削加工中，刀具和工件间必须完成一定的切削运动获得动能，从毛坯上切除多余的金属，从而获得合格零件。而这些运动是靠机床设备来提供的，工件的装夹还需要夹具来保证并保持其正确的安装位置。可见，一个完整的金属切削加工工艺系统常常由四部分构成：工件、刀具、夹具和机床，如图 1.3 所示。工艺系统加上产品设计的图纸或加工程序等软件构成整个加工层面的输入系统。通过工艺过程中的各种加工技术（或工艺方法）及加工工序，完成

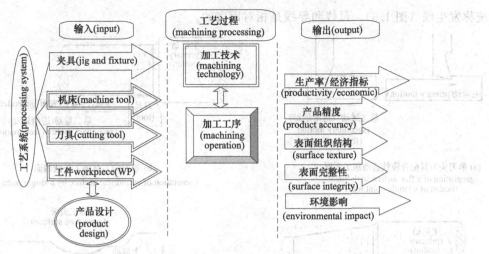

图 1.3　加工技术的各个层面（general aspects of machining technology）

零件的加工，其输出就是满足加工精度和表面质量的合格零件、产品增值（经济指标）和切屑、废旧切削液及一些蒸发气体。

第二节　工件表面及其形成原理

1. 机械零件的表面

毛坯在加工过程中称为工件，工件加工完成后就成为零件。

如图 1.4 所示，零件上常见的表面有平面（整体平面、断续平面）、圆柱面（内圆柱面、外圆柱面）、圆锥面（内圆锥面、外圆锥面）、球面、成形表面及特殊异形表面。

根据零件表面是否需要加工还分为非加工表面和有一定的精度与粗糙度要求的加工面。对于零件来讲，非加工面常常在毛坯制造阶段已经完成，如图 1.4 中箱体件的三角形加强筋及与其直边接触的侧面和底面；加工面相对重要，需要靠金属切削机械加工各种方法和手段来完成。

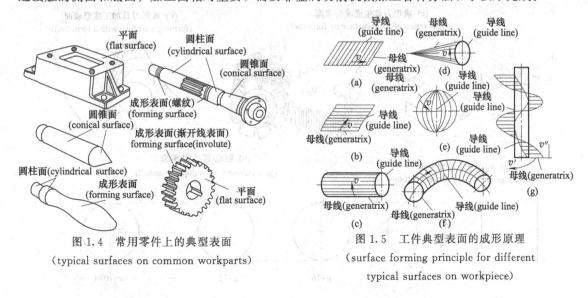

图 1.4　常用零件上的典型表面

（typical surfaces on common workparts）

图 1.5　工件典型表面的成形原理

（surface forming principle for different typical surfaces on workpiece）

2. 工件表面的形成

工件表面可以看成是一条线沿着另一条线移动或旋转而形成的，这两条线叫母线和导线，统称发生线（图 1.5）。母线和导线是相对而言的。

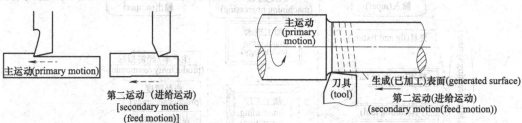

(a) 单刀尖刀具配合线性运动加工平面
(generation of a flat surface with linear motion of a single point tool)

(b) 单刀尖刀具加工外圆表面
(generation of cylindrical surface by a single point tool)

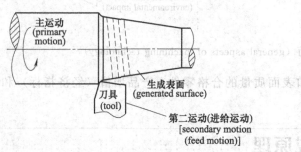

(c) 单刀尖刀具加工外圆锥面
(generation of a conical surface by a single point tool)

(d) 单刀尖刀具加工外轮廓面
(generation of a contoured surface with a single point tool)

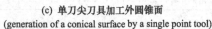

(e) 成形刀具生成成形表面
(generation of form surface by form tool)

(f) 成形刀具加工成形表面
(forming a surface with a form tool)

(g) 相切法形成加工面
(surface generation by tangent cutting)

(h) 展成(包络)法滚齿
(gear cutting by enveloping method)

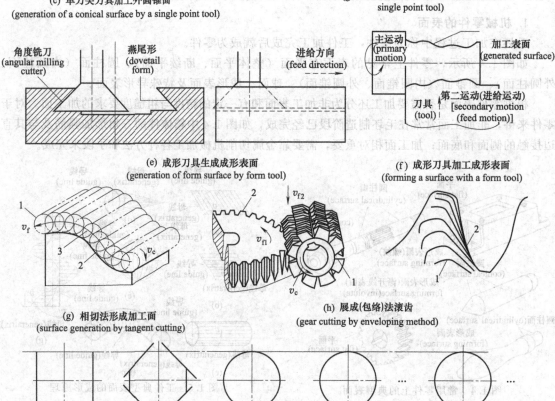

(i) 包络法将正方形柱加工圆柱体
(enveloping method to make cylinder from a square bar)

图 1.6 形成发生线的不同方法 （various methods to form generating line)

3. 发生线的形成

如图 1.6 所示，发生线的形成有以下四种方法。

① 轨迹法。靠刀尖的运动轨迹来形成所需要表面形状的方法 [图 1.6 (a)～(d)]。

② 成型法。利用成形刀具来形成发生线，对工件进行加工的方法 [图 1.6 (e)、(f)]。

③ 相切法。由圆周刀具上的多个切削点来共同形成所需工件表面形状的方法 [图 1.6 (g)]。

④ 展成（包络）法。利用工件和刀具作展成切削运动来形成工件表面的方法 [图 1.6 (h)、(i)]。包络法靠包络线来形成所需形状的近似发生线，原理上有理论误差的存在，详见图 1.6 (i)。

典型表面的成形运动见图 1.7。

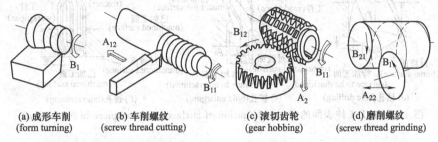

| (a) 成形车削 | (b) 车削螺纹 | (c) 滚切齿轮 | (d) 磨削螺纹 |
| (form turning) | (screw thread cutting) | (gear hobbing) | (screw thread grinding) |

图 1.7　典型表面的成形运动 (generating motion for typical surface)

生产中常用机床的刀具和工件的运动配置见表 1.1。

表 1.1　传统机械加工机床的刀具和工件的运动
(tool and WP motions for machine tools used for traditional machining)

加工工艺(machining process)	刀具和工件运动(tool and WP movement)		备注(remark)
切削去除：(chip removal)	主运动	进给运动	
车削(turning)	工件(WP) ⌒	刀具(tool) →	工件静止
钻削(drilling)	刀具(tool) ⌒	刀具(tool) → ········	(WP
铣削(milling)	刀具(tool) ⌒	工件(WP) →	stationary)
牛头刨削(shaping)	刀具(tool) →	工件(WP) ┄→	
龙门刨削(planing)	工件(WP) →	刀具(tool) ┄→	
插削(slotting)	刀具(tool) →	工件(WP) ┄→	
拉削(broaching)	刀具(tool) →	工件(WP) ● ·········	进给运动由刀
	工件(WP) →	刀具(tool) ●	具结构实现
滚齿(gear hobbing)	刀具(tool) ⌒	工件(WP) ⌒	(feed motion is
		刀具(tool) →	built in the tool)
磨削去除：(abrasion)	刀具(tool) ⌒	工件(WP) ⌒	
平面磨(surface grinding)	刀具(tool) ⌒	工件(WP) ┄→	
外圆磨削(cylindrical grinding)		刀具或工件(tool or WP) →	
珩磨(honing)	刀具(tool) ⌒	工件(WP) ● ·········	工件静止
			(WP stationary)
超精加工(superfinishing)	刀具(tool) ↔	工件(WP) ⌒	

注：⌒，回转 (rotation)；●，静止 (stationary)；→，线性运动 (linear motion)；┄→，间隙性运动 (intermittent)；↔，往复运动 (reciprocation)。

4. 工件表面的定义

如图 1.8 所示切削过程中，工件上始终存在着下述三个不断变化的表面。

① 待加工表面。工件上将被切除的表面。

② 过渡表面。工件上由切削刃正在切削着的表面，位于待加工表面和已加工表面之间，也称作加工表面或切削表面。

③ 已加工表面。工件上由刀具切削后产生的新表面。

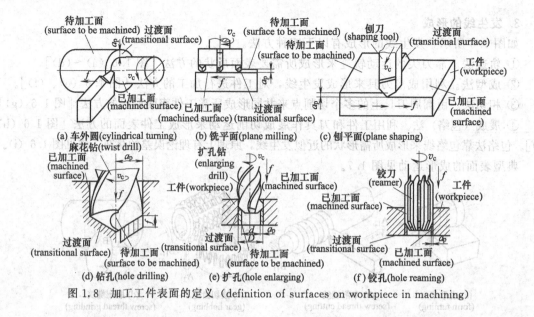

图 1.8　加工工件表面的定义（definition of surfaces on workpiece in machining）

第三节　切削运动及切削方式

1. 切削运动

切削运动是为了形成工件（内、外）表面所必需的、刀具与工件之间的相对运动。切削运动按其作用不同，分为主运动和进给运动。

（1）主运动　主运动是指切除多余金属所需要的刀具与工件之间最主要、最基本的相对运动，它提供切削加工的主要能量（动能）。切削过程中，必须有且只有一个主运动，主运动可以是刀具或工件的直线运动［图1.8（c）中刨刀的直线运动 v_c］，也可以是旋转运动［图1.8（a）中工件的回转运动；图1.8（b）中端铣刀的回转运动；图1.8（d）中麻花钻的回转运动；图1.8（e）中扩孔刀的回转运动；图1.8（f）中铰刀的回转运动］。

主运动的特点是速度高、消耗功率大，即主轴通常只有一个，是切削加工必不可少的运动，是传统机械加工的显著特征。

刀具切削刃上选取点相对于工件主运动的瞬时速度称为切削速度，用矢量 v_c 表示。

（2）进给运动　进给运动是指使新的切削层金属不断地投入切削，从而切出整个工件表面的运动，也称为第二运动。进给运动可以是连续运动［图1.8（a）、（b）、（d）～（f）中的进给运动 f］，也可以是间断运动［图1.8（c）］；可以是直线运动，也可以是旋转运动。进给运动速度低，消耗功率小，可以是一个或者多个，切削过程中有时可能不需要单独的进给运动，如拉刀的拉削加工，拉刀的进给是靠齿升量来完成。

切削刃上选取点相对于工件的进给运动的瞬时速度称为进给速度，用矢量 v_f 表示。

无论是主运动还是进给运动，其基本运动形式均是连续的或间歇的直线运动或回转运动，由两者通过不同形式的组合，则可构成多种符合需要的切削运动。

主运动和进给运动可由刀具和工件分别完成（如车削和刨削），也可由刀具单独完成（如钻孔），但很少由工件单独完成。

主运动和进给运动可以同时进行（如车削、钻削），也可以交替（间隙性）进行（如刨平面、插键槽）。

（3）合成切削运动　在主运动和进给运动同时进行的切削加工中，主运动和进给运动的合成运动称为合成切削运动。合成切削运动速度 $v_e = v_c + v_f$。

v_c 和 v_f 所在的平面称为工作平面，以 P_{fe} 表示。在工作平面内，同一瞬时主运动方向与合成切削运动方向之间的夹角称为合成切削速度角，以 η 表示，见图1.9。

（4）辅助运动　为了完成工艺系统的工作循环并提高自动化水平，降低劳动强度和提高生产率，工艺系统除了切削运动外，还需一些辅助运动，尽管它不直接参与工件材料切除，但却是完成零件表面加工全过程必不可少的运动。

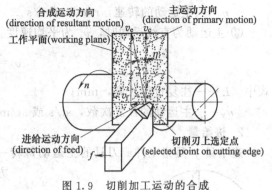

图1.9　切削加工运动的合成
（resultant motion of cutting component motions）

例如，控制切削刃切入深度的吃刀运动或空程运动，重复走刀前的退刀运动或越程运动，刨刀、插齿刀等回程时的让刀运动。此外还可能有夹具或工作台的分度转位运动、换刀运动、工件上下料运动以及变速、换向、启停等操控运动。

2. 切削方式

（1）自由切削和非自由切削

① 自由切削。只有一个切削刃参加切削的情况称为自由切削。宽刃刨刀刨削工件的情况就属于自由切削［图1.10（a）］。自由切削时，切削刃上各点的切屑流向大致相同，切屑变形简单。

② 非自由切削。由非直线切削刃或多条直线切削刃同时参加切削的情况称为非自由切削。车外圆、铣键槽等属于非自由切削。非自由切削时，切削刃上各点切屑流向互相干扰，切屑变形复杂。

（2）直角切削和斜角切削

① 正交（直角）切削。是指主切削刃与切削速度方向垂直的切削，这时主切削刃包含在基面内（刃倾角0°），切屑流向与切削刃的法线方向相同，见图1.10（a）。

② 斜角切削。是指主切削刃与切削速度方向不垂直的切削，这时主切削刃不包含在基面内（刃倾角0°），切屑流向偏离切削刃的法线方向，见图1.10（b）。

生产中的切削方式大都属于斜角切削，因为各种切削性质的刀具，绝大部分是采用刃倾角，如有刃倾角的外圆车刀、刨刀、镗刀、带螺旋角的圆柱平面铣刀、

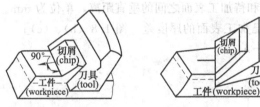

(a) 正交(直角)切削
(orthogonal cutting)　　　(b) 斜角切削(oblique cutting)

图1.10　切削方式（cutting methods）

麻花钻、有螺旋槽的丝锥和铰刀等均属于这种形式。

第四节　切削用量三要素

切削用量三要素是指切削过程中的切削速度、进给量和背吃刀量（切削深度），在工艺规程的工序卡中都必须具体给定这些参数值，从而指导操作者选择和调节，获得最佳的工艺效果。

1. 切削速度

如图1.8所示，切削速度 v_c 是指切削刃上选定点相对于工件的主运动的瞬时线速度，单位 m/s 或 m/min。

① 主运动是旋转运动时，切削速度的计算公式如下

$$v_c = \frac{\pi d n}{1000}$$

式中　d——完成主运动的刀具或工件的最大直径，mm；

n——主运动的转速，r/min 或 r/s。

② 主运动为直线运动时，v_c 为平均速度

$$v_c = \frac{2Ln_\tau}{1000}$$

式中　L——往复行程长度，mm；

　　　n_τ——主运动的往复次数，st/s 或 st/min。

2. 进给量

进给量 f 是指工件或刀具的主运动每转一转（或每一行程）刀具与工件两者在进给运动方向上的相对位移量，单位是 mm/r 或（mm/s）。

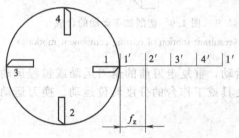

图 1.11　多刀粒刀具的每齿进给量
(feed per tooth for multi-inserts tools)

不同工艺方法的进给量的表达不同。

① 车削、镗削。每转进给量，单位 mm/r，参见图 1.8（a）、（e）、（f）。

② 刨削。每个往复行程进给量，用 f 表示，单位 mm/st，参见图 1.8（c）。

③ 铣削、钻削。每齿进给量，用 f_z 表示，单位 mm/z，参见图 1.8（b）、（d）及图 1.11。

进给速度 v_f 是指刀具切削刃上选定点相对于工件进给运动的瞬时速度。

进给速度 v_f 与进给量 f 和每齿进给量之间的关系为

$$v_f = fn = f_z zn$$

3. 背吃刀量（切削深度）

背吃刀量 a_p 也写作 a_{sp}，是指工件已加工表面和待加工表面之间的垂直距离，单位为 mm。

平面铣削、刨削的背吃刀量为待加工表面与已加工表面的厚度差［图 1.8（b）、（c）］

$$a_p = h_w - h_m$$

式中　h_w——待加工表面高度，mm；

　　　h_m——已加工表面高度，mm；

钻孔的背吃刀量 a_p［图 1.8（d）］为

$$a_p = d_m/2$$

车削、扩孔、铰孔等的背吃刀量 a_p［图 1.8（a）、（e）、（f）］为

$$a_p = \frac{|d_w - d_m|}{2}$$

式中　d_m——已加工表面直径，mm；

　　　d_w——待加工表面直径，mm。

第五节　切削层参数

1. 含义

切削层是指在切削过程中刀具的刀刃在一次走刀中所切除的工件材料层，即相邻两个过渡表面之间所夹着的一层金属。切削层的轴向剖面称为切削层横截面。切削层的形状和尺寸直接决定了刀具切削部分所承受的载荷大小及切屑的形状和尺寸，所以必须研究切削层界面的形状和参数。

切削层的横截面参数是指切削层的横截面尺寸，包括切削层公称宽度 b_D、切削层公称厚度 h_D 和切削层公称横截面积 A_D 三个参数（图 1.12）。

① 切削层公称宽度 b_D。切削层公称宽度是指刀具主切削刃与工件的接触长度，单位是 mm。车削时，设车刀主切削刃与工件轴线之间的夹角即主偏角 κ_r，则

$$b_D = a_p / \sin\kappa_r$$

② 切削层公称厚度 h_D。切削层公称厚度是指刀具或工件每移动一个进给量 f 时，刀具主切削刃相邻的两个位置之间的垂直距离，单位是 mm。车外圆时有

$$h_D = f \sin\kappa_r$$

③ 切削层公称横截面积 A_D。切削层公称横截面积即切削层横截面的面积，单位 mm^2，A_D 不包括残留面积，但车削的残留面积很小，即有

$$A_D \approx b_D h_D = a_p f$$

2. 主偏角的影响

如图 1.13 所示，主偏角减小，切削层厚度 h_D 减小，而切削层宽度 b_D 增大，即主切削刃与工件的接触长度增加，单位长度上的负荷减轻。

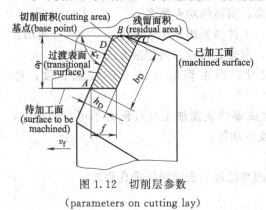

图 1.12　切削层参数

（parameters on cutting lay）

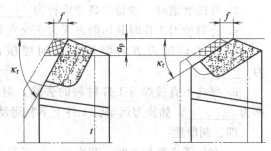

图 1.13　主偏角对切削宽度和厚度的影响

（affection of tool cutting edge angle on cutting width and thickness）

习题

一、简答题

1. 常用的机动形式的金属切削加工方法有哪些？

2. 金属切削加工工艺系统由哪四部分构成？

3. 发生线的形成有哪些方法？包络法是否存在原理误差？

4. 工件加工表面是如何定义的？钻孔的待加工表面在哪里？

5. 切削运动包括哪些运动？其各自的作用如何？传统的机械加工是否可以没有主运动？

6. 切削用量三要素有哪些？进给量与进给速度是否是同一回事？

7. 切削层是如何定义的？其面积如何计算？

二、选择题

1. 拉刀拉削时的进给运动是（　　）。

A. 拉刀直线运动

B. 没有进给运动，靠齿升量完成

C. 端部工件支撑板的浮动

2. 外圆磨削前后的工件直径分别为 $\phi51mm$ 和 $\phi50mm$，分成两次走刀磨完加工余量，如果第一次的背吃刀量取 0.4mm，那么第二次走刀的背吃刀量应为（　　）。

A. 1mm   B. 0.2mm   C. 0.1mm   D. 0.5mm

3. 实体工件在台式钻床上钻削直径为 $\phi16mm$ 的孔，而台式钻床的工作范围为 $\phi3\sim13mm$，故分两次走刀来完成，第一次选取钻头直径为 $\phi12mm$，第二次改用 $\phi16mm$ 的钻头或扩孔钻加工。两次走刀的背吃刀量分别是：（   ）。

A. 12mm，4mm   B. 6mm，2mm   C. 12mm，2mm   D. 6mm，4mm

4. 随着进给量 f 增大，切削厚度 h_D 会（   ）。

A. 不规则变化   B. 随之减小   C. 与其无关   D. 随之增大

5. 一个 20 颗刀粒的盘式端面铣刀，以 100r/min 的转速回转铣削平面，每齿进给量 $f_z=0.01mm$，那么该铣刀的进给速度 v_f 为（   ）。

A. 200mm/min   B. 2mm/min   C. 2000mm/min   D. 20mm/min

三、填空题

1. 工件上切削刃正在切削的那部分表面，称为_____。

2. 切削运动中，_____，运动速度高，消耗的功率最多。

3. 外圆磨削时，砂轮的高速旋转为_____运动，工件的低速旋转运动为_____运动。

4. 直刃铰刀工作时其切削方式为正交直角切削，而螺旋刃铰刀的切削方式为_____。

5. 沿主切削刃方向测量的切削层横截面尺寸，即主切削刃的工作接触长度，称为_____。

6. 那些不直接参与工件材料的去除，但又是完成零件表面加工全过程必不可少的运动，称为_____，如换刀运动、工件上下料运动、分度运动等。

四、判断题

1. 在外圆车削加工时，背吃刀量等于待加工表面与已加工表面间的垂直距离。 （   ）

2. 主运动都是由刀具旋转产生的运动。 （   ）

3. 齿轮加工时的进给运动为滚刀的旋转运动。 （   ）

4. 主运动、进给运动和辅助运动合称为切削用量三要素。 （   ）

5. 进给量越大，则切削厚度越大。 （   ）

6. 工件转速越高，则进给量越大。 （   ）

7. 实体上钻孔的待加工面就是孔的轴线。 （   ）

8. 对比工件深度长得多的珩磨头来讲，其回转和往复直线运动都是主运动。 （   ）

9. 某些表面的形成过程中，其发生线的导线和母线是可以互换的。 （   ）

10. 展成（包络）法加工的表面是没有原理误差的。 （   ）

11. 刨削加工的进给运动都是间歇性的。 （   ）

12. 龙门刨床和牛头刨床刨削加工平面，它们的主运动都是工件的直线运动。 （   ）

13. 通常情况下，斜角切削都比正交直角切削刃接触长度大，单位长度上的负荷更轻，且更加平稳。 （   ）

14. 切削速度和转速是一回事。 （   ）

五、计算题

某外圆车削工序，工件毛坯直径为 $\phi60mm$，加工后工件直径为 $\phi56mm$，要求一次走刀切除余量，选定的工件转速为 250r/min，进给速度为 30mm/min，试求切削用量三要素，并计算切削层的面积。

第二章

刀具结构和材料

第一节　刀具结构

1. 总体结构

任何金属切削刀具都由切削部分和夹持部分组成。不同的切削加工方法所采用的刀具种类各异，结构形式也不同，但其切削部分有诸多共性。刀具结构术语一般以车刀为例来介绍，这些名称术语、定义或方法同样适用于其他切削刀具。

所有的刀具都可分为整体刀具和（刀粒）组装刀具两大类。组装刀具进一步分为焊接式和机夹式两类。

图 2.1 所示为车刀的构造。总体上车刀由夹持部分（刀杆）和切削部分（刀头）两大部分组成。夹持部分通常为矩形截面（外圆、端面、切断、螺纹、倒角等车削），也可能是圆形截面（车刀镗内孔、内沉沟槽）；切削部分根据加工要求其结构、形状和尺寸变化多样。

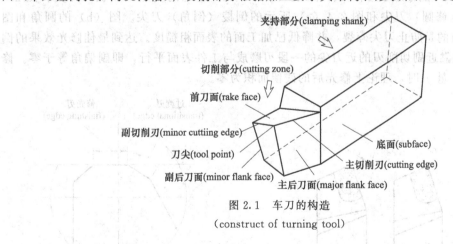

图 2.1　车刀的构造

（construct of turning tool）

对于硬质合金刀粒组装（焊接或机夹）车刀，其切削部分就全部集中在硬质合金刀粒上，这种形式符合民间谚语"把钢用在刀刃上"，图 2.2 为焊接式，图 2.3 为机夹式。

2. 切削部分结构

无论是高速钢整体车刀还是硬质合金组装车刀，它们的切削部分的结构要素都包括三个：切削刀面、两条切削刃和一个刀尖（图 2.1～图 2.3）。

① 前（刀）面 A，前刀面是切下的切屑流过的刀面。如果前刀面由几个相互倾斜的表面组成，则从切削刃开始，依次把它们称为第一前刀面（有时称为负倒棱）、第二前刀面等。

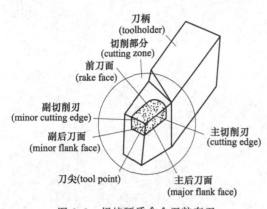

图 2.2 焊接硬质合金刀粒车刀

（carbide insert welded turning tool）

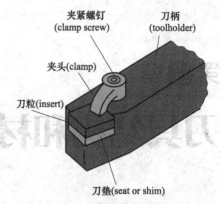

图 2.3 机夹式硬质合金刀粒车刀

（carbide insert clamped turning tool）

②（主）后（刀）面 A_α 　后刀面是与工件上新形成的过渡表面相对的刀面。也可以分为第一后刀面（有时称刃带）、第二后刀面等。

③副后（刀）面 A_α' 　与副切削刃毗邻、与工件上已加工表面相对的刀面。同样，也可以分为第一副后刀面、第二副后刀面等。

④主切削刃 S 　前刀面与后刀面相交而得到的切削边锋。主切削刃在切削过程中承担主要的切削任务，完成金属切除工作，它在工件上切出过渡表面。

⑤副切削刃 S' 　前刀面与副后刀面相交而得到的切削边锋。它协同主切削刃完成金属切除工作，以最终形成工件的已加工表面。

⑥刀尖　刀尖是指主切削刃和副切削刃的连接处相当短的一部分切削刃，刀尖是刀具切削部分工作条件最恶劣的部位。

如图 2.4 所示，常用的刀尖有三种形式：图 2.4（a）所示的交点（点状）刀尖、图 2.4（b）所示的圆弧（修圆）刀尖和图 2.4（c）所示的倒棱（倒角）刀尖。图（b）的圆角和图（c）的倒棱主要目的是防止刀尖碎裂，并降低已加工面的表面粗糙度。达到最佳修光效果的倒棱见图 2.5，即把靠近副切削刃的近刀尖的一段刃磨成与工件表面平行，即副偏角等于零。修光刃长度大于进给量 f 时，理论上修光后的残留面积为零。

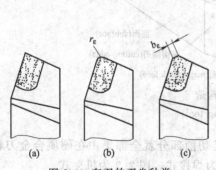

图 2.4 车刀的刀尖种类

（types of tip point of turning tools）

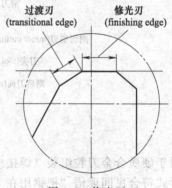

图 2.5 修光刃

（finishing edge）

3. 刃口形式

主切削刃刃口的形式如图 2.6 所示，刃口形式的变化实质是前角和后角的改变。图 2.6（a）所示的锐利刃并非理想中的锋利，而是有一定的圆弧，常常用于高速钢刀具，如车刀、钻头、铰刀、拉刀前端刀齿、滚齿刀、插齿刀、剃齿刀等整体刀具；图2.6（b）所示的倒棱刃口（第一前刀面）多用于硬质合金刀具，且棱宽应该小于进给量，负前角为$-5°\sim-30°$；图2.6（c）所示的消振棱刀和图2.6（d）所示的后直刃（第一后刀面）常用于消除加工振动，降低表面粗糙度值；同时具备前倒棱和后倒棱（即负前角和负后角）刀具用于强力切削。图2.6（e）所示的倒圆刃主要用于提高刀具耐用度。

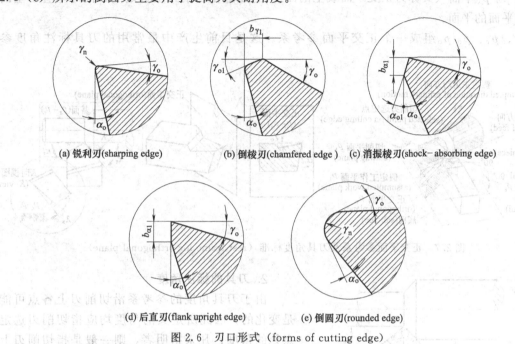

(a) 锐利刃(sharping edge)   (b) 倒棱刃(chamfered edge)   (c) 消振棱刃(shock-absorbing edge)

(d) 后直刃(flank upright edge)   (e) 倒圆刃(rounded edge)

图2.6 刃口形式 （forms of cutting edge）

第二节 刀具角度

1. 刀具角度的参考系

为了确定和测量刀具各表面和各刀刃在空间的相对位置，必须建立用以度量各刀刃、各刀面空间位置的参考系。

建立参考系，必须与切削运动相联系，应反映刀具角度对切削过程的影响。参考系平面与刀具安装平面应平行或垂直，以便于测量。

用来确定刀具几何角度的参考系有两类：一类称为刀具标注角度参考系，即静止参考系，在刀具设计图上所标注的角度，刀具在制造、测量和刃磨时，以它为基准；另一类称为刀具工作角度参考系，确定刀具在切削运动中有效工作角度的参考系。工作角度约等于标注角度。

为了便于理解，下面以车刀为例建立静止参考系。

（1）建立车刀静止参考系的几个假设

为了便于理解，对刀具和切削状态作出如下假设：①不考虑进给运动的影响；②车刀安装绝对正确，即刀尖与工件中心等高，刀杆轴线垂直工件轴线；③刀刃平直，刀刃选定点的切削速度方向与刀刃各处的平行。

（2）正交平面参考系的建立

用于刀具设计、刃磨、角度测量，正交平面参考系由以下三个两两互相垂直的平面组成，如图2.7所示。

① 切削平面 p_s　切削平面是指通过刀刃上选定点，包含该点假定主运动方向和刀刃的平面，即切于工件过渡表面的平面。

② 基面 p_r　基面是指通过刀刃上选定点，垂直于该点假定主运动速度方向的平面。由假设可知，它平行于安装底面和刀杆轴线。

③ p_o-p_o 平面（又称为正交平面或主剖面）　它是过主切削刃上选定点，同时垂直于基面和切削平面的平面。

p_s、p_r、p_o-p_o 组成一个正交平面参考系。这是目前生产中最常用的刀具标注角度参考系。

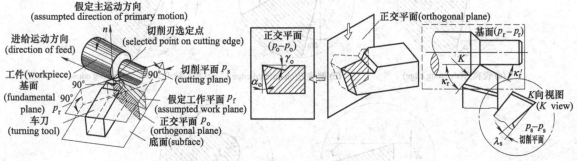

图 2.7　正交平面参考系及刀具角度标准（rest frame for orthogonal plane）

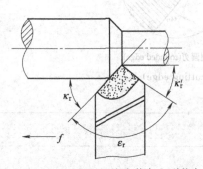

图 2.8　基面上投影标注主偏角和副偏角
(cutting edge angle and end cutting
edge angle projected on fundamental plane)

2. 刀具的标注角度

由于刀具角度的参考系沿切削刃上各点可能是变化的，因此所定义的角度均应指切削刃选定点处的角度；凡未指明者，则一般是指切削刃上与刀尖毗邻的那一点的角度。

下面通过普通外圆车刀给各标注角度下定义。这些定义也适用于其他类型的刀具。

（1）在基面上标注的角度（图 2.8）

① 主偏角 κ_r　主切削刃在基面上的投影与进给运动方向之间的夹角。

② 副偏角 κ_r'　副切削刃在基面上的投影与进给运动反方向之间的夹角。

③ 刀尖角 ε_r　主切削刃、副切削刃在基面上投影的夹角。

由上可知：$\kappa_r + \kappa_r' + \varepsilon_r = 180°$

（2）在正交面 p_o-p_o 截面上标注的角度（图 2.9）

① 前角 γ_o　基面与前刀面之间的夹角。它有正、负之分，当前刀面低于基面时，前角为正，即 $\gamma_o > 0°$；前刀面高于基面时，前角为负，即 $\gamma_o < 0°$，见图 2.10。

② 主后角 α_o　后刀面与切削平面之间的夹角。加工过程中，一般不允许 $\alpha_o < 0°$。

③ 楔角 β_o　后刀面与前刀面之间的夹角。

由上可知：$\beta_o = 90° - (\alpha_o + \gamma_o)$

（3）在切削平面上标注的角度（图 2.11）

刀倾角 λ_s：主切削刃与基面之间的夹角。刀倾角有正、负之分，当刀尖处在切削刃上最高位置时，取正号；若刀尖处于切削刃上最低位置时，取负号；当主切削刃与基面平行时，刀倾角为零，见图 2.12。

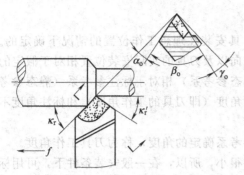

图 2.9　正交平面投影标注前角、后角和楔角
（rake angle，relief angle and wedge angle
projected on orthogonal plane）

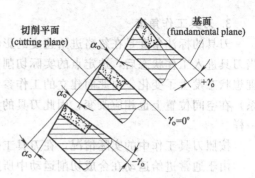

图 2.10　前角正负的判别
（definition of rake angle character）

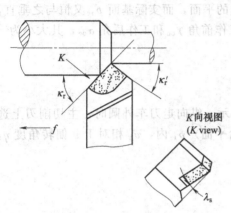

图 2.11　切削平面投影标注刃倾角
（inclination angle of cutting edge
projected on cutting plane）

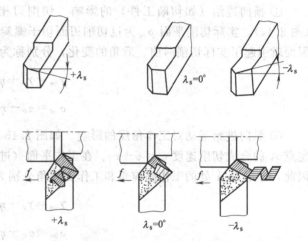

图 2.12　刃倾角的判别及其对切屑流向的影响
（character definition for clination angle of cutting edge
and its affection on fluiding direction of cut chip）

（4）切断刀标注角度示例

① 图 2.13（a）是切断刀的标注角度示例。切断刀比较特殊，它有两个刀尖、三条刀刃（一条主切削刃、两条副切削刃）、四个刀面（一个前刀面、一个后刀面、两个副后刀面）。正交直角切削的切断刀的主偏角为 90°，刃倾角为 0°，其余的前角、后角、副偏角和副后角等角度见图 2.13（a）中标注。

② 右偏刀标注角度示例如图 2.13（b）所示。

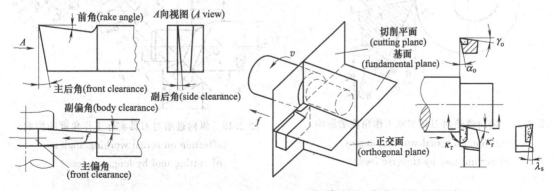

(a) 切断刀(parting-off tool)　　　　　　(b) 右偏刀(right hand turning tool)

图 2.13　刀具角度标识示例（examples of angle label of cutting tool）

3. 刀具工作角度

刀具的标注角度是在忽略进给速度的影响，且刀具安装在理想工作位置的情况下确定的。当刀具进入工作状态后，选定点的实际切削速度的方向以及刀具的实际安装位置相对于假定的理想状态发生了变化，由此而建立的工作参考系（动态参考系）相对于标注参考系（静态参考系）在空间位置上也相应改变，因此刀具的实际切削角度（即刀具的工作角度）和标注角度不一样。

按照刀具工作中的实际情况，在刀具工作角度参考系确定的角度，称为刀具工作角度。

由于通常进给运动在合成切削运动中所起的作用很小，所以，在一般安装条件下，可用标注角度代替工作角度。只有在进给和安装对工作角度产生较大影响时，才计算工作角度。

（1）进给运动对工作角度的影响

① 横向进给（如切断工件）的影响　切削刃相对于工件的运动轨迹为阿基米德螺旋线（图 2.14），实际切削平面 p_{se} 为过切削刃而切于螺旋线的平面，而实际基面 p_{re} 又恒与之垂直，因而就引起了实际切削时前、后角的变化，分别称为工作前角 γ_{oe} 和工作后角 α_{oe}，其大小为

$$\gamma_{oe}=\gamma_o+\eta$$

$$\alpha_{oe}=\alpha_o-\eta$$

② 纵向进给运动对工作角度的影响　如图 2.15 所示，纵向走刀车外圆时，主切削刃上选定点 A 的合成切削速度 $v_e=v+v_f$。在工作平面（进给平面）p_{fe} 内，v_e 相对于 v 偏转角度 η，因此，选定点 A 处的工作侧前角和工作侧后角分别为

$$\gamma_{oe}=\gamma_o+\eta$$

$$\alpha_{oe}=\alpha_o-\eta$$

其中，$\eta=\arctan(f/\pi d_w)$

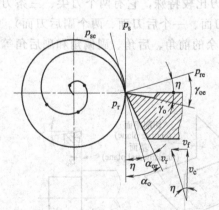

图 2.14　横向进给对刀具实际工作角度的影响
(affection on actual working angles of cutting tool by traverse feed)

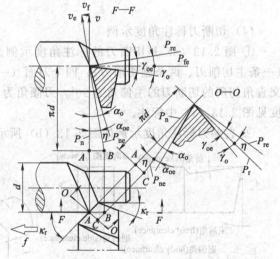

图 2.15　纵向进给对刀具实际工作角度的影响
(affection on actual working angles of cutting tool by longitute feed)

（2）刀具安装情况对工作角度的影响

① 刀具安装高度对工作角度的影响　当外圆车刀刀尖安装得高于工件中心线时，则切削

平面变为 p_{se}，基面变为 p_{re}，刀具角度也随之变为工作前角 γ_{oe} 和工作后角 α_{oe}，在背平面内这两个角度的变化值 θ_p 为

$$\sin\theta_p = 2h/d_w$$

式中　h——刀尖高于工件中心线的数值；

　　　d_w——工件直径。

　　则工作角度为

$$\gamma_{pe} = \gamma_p + \theta_p$$

$$\alpha_{pe} = \alpha_p - \theta_p$$

在正交平面内，前、后角的变化情况与背平面内相类似，即

$$\gamma_{oe} = \gamma_o + \theta_o$$

$$\alpha_{oe} = \alpha_o - \theta_o$$

式中　θ_o——正交平面内前角增大和后角减小时的角度变化值，由下式计算

$$\tan\theta_o = \tan\theta_p \cos\kappa_r$$

当刀尖低于工件中心线时，上述计算公式符号相反，如图 2.16 所示。

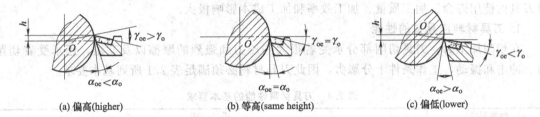

(a) 偏高(higher)　　　　(b) 等高(same height)　　　　(c) 偏低(lower)

图 2.16　刀具安装高度对其实际工作角度的影响

(affection on actual working angles of cutting tool because of installing height)

对于镗（车）内孔的情况，其变化规律正好与车外圆的情形相反。

② 刀体（刀杆）安装倾角的工作角度影响　如图 2.17 所示，刀尖向上倾斜，工作前角增大，后角减小；反之，刀尖向下倾斜，工作前角减小，后角增大。

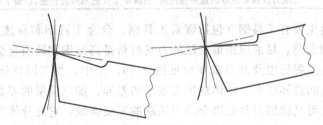

(a) 向上倾斜(inclined upwards)　　　(b) 向下倾斜(inclined downwards)

图 2.17　刀具安装的倾斜度对其实际工作角度的影响

(affection on actual working angle because of tool setting inclination)

③ 刀杆中心线与进给方向垂直度误差对工作角度产生影响　当车刀刀杆中心线与进给方向不垂直时，主偏角和副偏角将发生变化（图 2.18），其增大和减小的角度增量为 G。工作主偏角和工作副偏角计算如下

$$k_{re} = k_r \pm G$$

$$k_{re}' \pm G = k_r'$$

式中　G——刀杆中心线的垂线与进给运动方向之间的夹角。

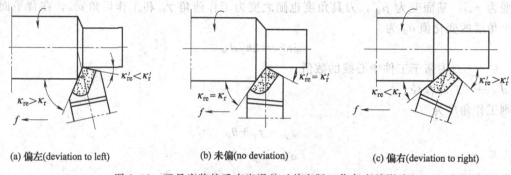

(a) 偏左(deviation to left)　　　(b) 未偏(no deviation)　　　(c) 偏右(deviation to right)

图 2.18　刀具安装的垂直度误差对其实际工作角度的影响
（affection on actual working angles of cutting tool because of perpendicular error）

第三节　刀具材料

刀具切削性能的优劣，取决于构成刀具切削部分的材料、几何形状和刀具结构。刀具材料对刀具的使用寿命、加工质量、加工效率和加工成本影响极大。

1. 刀具材料应具备的性能

在切削加工时，刀具切削部分承受着很大的压力和强烈的摩擦以及高温，还承受着切削力、冲击和振动，工作条件十分恶劣，因此刀具材料必须满足表 2.1 所列基本要求。

表 2.1　刀具材料性能的基本要求

性能要求	说　明
高的硬度	刀具材料的硬度必须高于工件材料的硬度，一般要求 60HRC 以上
足够的强度和韧性	刀具在切削过程中，承受较大的切削力和一定的冲击力，因此要求有足够的强度和韧性，以防止脆性断裂或崩刃
良好的耐磨性	刀具必须有良好的抵抗磨损的能力，以保持刀刃锋利
较好的耐热性	在切削过程中，刀刃与切屑接触处的温度较高，因此要求刀刃（刀尖）在这种温度下仍能保持较高的硬度、强度、韧性和耐磨性
良好的工艺性	要求刀具具有良好的热处理性能、切削加工性能和焊接性能，以便于制造

常用的刀具材料主要有工具钢（包括碳素工具钢、合金工具钢和高速钢）、硬质合金、陶瓷和超硬刀具材料四大类。目前应用最广泛的刀具材料是高速钢和硬质合金。

常用刀具材料的发展历史及其出现年份见图 2.19，图中，加工同样体积的工件材料，不同材料刀具的加工时间差异很大，即体现加工效率的差异，如三涂层的刀具加工效率是碳素工具钢的 130 倍左右。可见涂层刀具是当今最为活跃的发展领域，它充分体现好钢用在刀刃上的思路和节约的措施。图 2.20 是八层涂层刀具的剖面图，涂层多为硬质陶瓷材料。

2. 高速钢

（1）高速钢概述

高速钢是加入了 W、Mo、Cr、V 等合金元素的高合金工具钢，其合金元素 W、Mo、Cr、V 等与 C 化合形成高硬度的碳化物，使高速钢具有较好的耐磨性。W 和 C 的原子结合力很强，增加了钢的热硬性。Mo 的作用与 W 基本相同，提高钢的韧性。V 与 C 的结合力比 W 的更强，使钢的热硬性提高更强烈。W 和 V 的碳化物在高温时有力地起到阻止晶粒长大的作用。Cr 在高速钢中的主要作用是提高淬透性和回火稳定性以及抑制晶粒长大。

高速钢具有高的强度和高的韧性，具有一定硬度（热处理硬度为 62～66HRC）和良好的耐磨性，其红硬温度可达 600～660℃。它具有较好的工艺性能，可以制造刃形复杂的刀具。

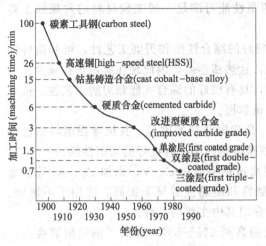

图 2.19　不同刀具材料的相对加工
时间及其应用年份
(time required to machine with various
cutting-tool materials, indicating
the year of the tool material)

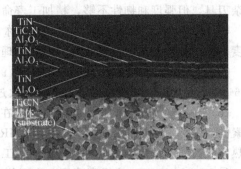

图 2.20　碳化钨基体的多层涂层
(multiphase coatings on a tungsten-carbide substrate)
三层不同的氧化铝被氮化钛薄膜隔离，目前已有多达
13 层的涂层刀具问世，典型涂层厚度为 2~10μm
(three alternating layers of aluminum oxide are separated
by very thin layers of titaninm nitride inserts with as
many as thirteen layers of coatings have been made.
coating thicknesses are typically in the range of 2 to 10μm)

刃磨时切削刃易锋利，故又名锋钢，有时还称作白钢。

高速钢根据切削性能，可分为普通高速钢和高性能高速钢；根据化学成分，可分为钨系、钨钼系和钼系高速钢；根据制造方法，可分为熔炼高速钢和粉末冶金高速钢。常用高速钢的性能和用途见表 2.2。

表 2.2　高速钢的牌号、力学性能和用途

类别		钢号	硬度 HRC	抗弯强度 σ_{bb} /MPa	冲击韧度 a_k /(J/cm²)	600℃高温硬度 HV	磨削性能	主要用途
通用高速钢		W18Cr4V	62~65	约 3500	约 3.0	约 520	可磨性好，可用普通刚玉砂轮磨削	用于制造钻头、铰刀、丝锥、铣刀、齿轮刀具、拉刀等
		W6Mo5Cr4V2	62~66	4500~4700	约 5.0	约 500	可磨性稍次于 W18Cr4V，可用普通刚玉砂轮磨削	用于制造要求热塑性好的刀具（如轧制钻头）和受大冲击负荷的刀具
		W14Cr4VMnXt	64~66	约 4000		约 520		热塑性好，用途与 W18Cr4V 及 W6Mo5Cr4V2 相当
特殊用途高速钢	高碳高钒	W12Cr4V4Mo	63~66	约 3200	约 2.5	约 540	可磨性差，可用单晶刚玉砂轮磨削	用于形状较简单而对耐磨性有特殊要求的刀具
		W6Mo5Cr4V3	63~66	约 3200	约 2.5	约 540		
		W9Cr4V5	63~66	约 3200	约 2.5	约 540		
	含钴	W6Mo5Cr4V2Co8	63~67	约 3000	约 3.0	约 580	可磨性较好，可用普通刚玉砂轮磨削	用于重切削刀具
	高钒碳含高钴	W12Cr4V5Co5	63~67	约 3000	约 2.5	约 580	可磨性差，可用单晶刚玉砂轮磨削	用于加工难切削材料的刀具，但不宜制作复杂刀具

（2）普通高速钢 普通高速钢工艺性能好，切削性能可满足一般工程材料的常规加工要求。常用的品种有以下几个。

① W18Cr4V 钨系高速钢 也称 18-4-1，具有较好的综合性能和刃磨工艺性，可制造各种复杂刀具，但强度和韧性不够，精加工寿命不太高，且热塑性差，因此现在应用正在减少。

② W6Mo5Cr4V2 钨钼系高速钢 也称 6-5-4-2，具有较好的综合性能和刃磨工艺性。抗弯强度、冲击韧性和热塑性都较好。但热处理工艺较难掌握。

③ W9Mo3Cr4V 钨钼系高速钢 也称 9-3-4-1，是我国研制的牌号。其抗弯强度与韧性均比 6-5-4-2 好。高温热塑性也好，而且淬火过热、脱碳敏感性小，有良好的切削性能。

（3）高性能高速钢 高性能高速钢是在普通型高速钢中增加 C、V，添加 Co、Al 等合金元素的新钢种。其常温硬度可达 67～70HRC，耐磨性和耐热性有显著提高，能用于不锈钢、耐热钢和高强度钢等难加工材料的切削加工。下面介绍其中主要的几种。

① W6Mo5Cr4V3 高钒高速钢 由于将含 V 量提高到 3%～5%，提高了钢的耐磨性。一般用于切削高强度钢。但其刃磨性能比普通高速钢差。

② W2Mo9Cr4VCo8 钴高速钢 具有良好的综合性能，提高了高温硬度和抗氧化能力，因此可以提高切削速度。用于切削高温合金、不锈钢等难加工材料。

③ W6Mo5Cr4V2Al 铝高速钢 是我国独创的新型高速钢种，它是在普通高速钢中加入了少量的铝，提高了高速钢的耐热性和耐磨性，具有良好的切削性能，价格低廉。

（4）粉末冶金高速钢 粉末冶金高速钢是把高频感应炉熔炼好的高速钢钢水置于保护气罐中，用高压惰性气体（如氩气）雾化成细小的粉末，然后用高温（1100℃）、高压（100MPa）压制、烧结而成。韧性、硬度较高，耐磨性好。用它制成的刀具，可切削各种难加工材料。具有如下优点。

① 结晶组织细小而均匀的，完全避免了碳化物的偏析，提高了钢的硬度和强度。

② 物理力学性能各向同性，可减少热处理变形与应力，可用于制造精密刀具。

③ 钢中的碳化物细小均匀，使磨削加工性能得到显著改善。

④ 粉末冶金高速钢提高了材料的利用率。

粉末冶金高速钢目前应用较少，其成本较高，价格相当于硬质合金。主要用来制成各种精密刀具和形状复杂的刀具，以及加工高强度钢、镍基合金、钛合金等难加工材料用的刀具。

3. 硬质合金

（1）硬质合金的组成与性能 硬质合金是由高硬度、高熔点的金属碳化物和金属黏结剂，经过粉末冶金工艺制成的。硬质合金刀具中常用的碳化物有 WC、TiC、TaC、NbC 等，黏结剂有 Co、Mo、Ni 等，硬质合金很少做成整体刀具，常常是以硬质合金刀粒的形式组装在刀体上，如图 2.21 所示，其中右下角最后一图为整体硬质合金钻头。

常用的硬质合金中含有大量的 WC、TiC，因此硬度、耐磨性、耐热性均高于高速钢。常温硬度达 89～94HRA，热硬温度高达 800～1000℃。在合金中加入 TaC、NbC 后，可使热硬温度提高到 1000～1100℃。但是抗弯强度低、韧性差，怕冲击振动，工艺性能较差，刀粒的形状和结构对其使用性能也有较大影响，如图 2.22 所示。

硬质合金的物理力学性能取决于合金的成分、粉末颗粒的粗细以及合金的烧结工艺。在硬质合金中，金属碳化物所占比例大，则硬质合金的硬度就高，耐磨性也好；反之，若黏结剂的含量高，则硬质合金的硬度就会降低，而抗弯强度和冲击韧性就有所提高。当黏结剂的含量一定时，金属碳化物的晶粒越细，则硬质合金的硬度越高。合金中加入 TaC、NbC 有利于细化晶粒，提高合金的耐热性。常用硬质合金的性能用途见表 2.3。

图 2.21 硬质合金刀粒 (inserts of cemented carbide)

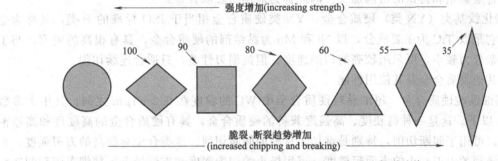

图 2.22 不同形状刀粒的相对刀刃强度和脆裂、断裂趋势

(relative edge strength and tendency for chipping and breaking of insets with various shapes)

表 2.3 常用硬质合金的牌号、力学性能和用途

牌号	抗弯强度 /GPa	硬度 HRA	用 途
YG3	1.08	91	适用于连续切削时,精车、半精车铸铁、有色金属及其合金与非合金材料(橡胶、纤维、塑料、玻璃
YG6	1.37	89.5	适用于连续切削时,粗车铸铁、有色金属及其合金与非金属材料,间断切削时的精车、半精车、小断面精车、粗车螺纹、旋风式车螺纹
YG8	1.47	89	适用于间断切削时,粗车铸铁、有色金属及其合金与非金属材料
YG3X	0.981	92	适用于精车、精镗铸铁、有色金属及其合金。也可用于精车合金钢、淬硬钢
YG6X	1.32	91	适用于加工冷硬合金铸铁和耐热合金钢,也适用于精加工普通铸铁
YA6	1.32	92	适用于半精加工冷硬铸铁、有色金属及其合金,也可用于半精加工和精加工高锰钢、淬硬钢及合金钢
YT30	0.883	92.5	适用于精加工碳素钢、合金钢和淬硬钢
YT15	1.13	91	适用于连续切削时,粗加工、半精加工和精加工碳素钢、合金钢,也可用于断续切削时精加工
YT5	1.28	89.5	适用于断续切削时粗加工碳素钢和合金钢
YW1	1.23	92	适用于半精加工和精加工高温合金、高锰钢、不锈钢以及普通钢料和铸铁
YW2	1.47	91	适用于粗加工和半精加工高温合金、不锈钢、高锰钢以及普通钢料和铸铁

（2）普通硬质合金的分类、牌号及其使用性能

普通硬质合金按其化学成分与使用性能分为四类：钨钴类、钨钴钛类、钨钴钛钽（铌）类和碳化钛基类。

① 钨钴类（YG 类）硬质合金　YG 类硬质合金相当于 ISO 标准的 K 类，主要由 WC 和 Co 组成，其常温硬度为 88～91HRA，切削温度可达 800～900℃，常用的牌号有 YG3、YG6、YG8 等。YG 类硬质合金的抗弯强度和冲击韧性较好，不易崩刃，适合切削脆性材料。YG 类硬质合金的刃磨性较好，刃口较锋利，热导率较大，可以用来加工不锈钢和高温合金钢等难加工材料、有色金属及纤维层压材料。YG 类硬质合金的耐热性和耐磨性较差。

② 钨钴钛类（YT 类）硬质合金　YT 类硬质合金相当于 ISO 标准的 P 类，主要由 WC、TiC 和 Co 组成，其常温硬度为 89～93HRA，切削温度可达 800～1000℃，常用的牌号有 YT5、YT15、YT30 等。YT 类硬质合金中加入 TiC，使其硬度、耐热性、抗黏结性和抗氧化能力均有所增加，提高切削速度和刀具耐用度。但 YT 类硬质合金的抗弯强度和冲击韧性较差。

③ 钨钴钛钽（铌）类（YW 类）硬质合金　YW 类硬质合金相当于 ISO 标准的 M 类，它是在普通硬质合金中加入了 TaC 或 NbC 等稀有难熔金属碳化物，从而提高了硬质合金的韧性和耐磨性，使其具有较好的综合切削性能。YW 类硬质合金主要用于不锈钢、耐热钢的加工，也适用于普通碳钢和铸铁的切削加工。因此称为通用型硬质合金。

④ 碳化钛基类（YN 类）硬质合金　YN 类硬质合金相当于 ISO 标准的 P 类，又称为金属陶瓷，它是以 TiC 为主要成分，以 Ni 和 Mo 为黏结剂的硬质合金，具有很高的硬度，与工件材料的亲合力较小，可采用较高的切削速度。但抗崩刃性差，只适合连续切削。

（3）其他硬质合金及其使用性能

① 超细晶粒硬质合金　超细晶粒硬质合金中 WC 的粒度在 0.2～1μm 之间，其中大多数在 0.5μm 以下。这是一种高硬度、高强度兼备的硬质合金，具有硬质合金的高硬度和高速钢的高强度。可用于间断切削，特别是难加工材料的间断切削。这类合金有很高的刀刃强度，可磨出非常锋利的刀刃和小的表面粗糙度，可用极小的切削深度和进给量进行精细车削和制造精密刀具。由于其性能稳定可靠，是目前用于自动车床上较理想的刀具材料。

② 钢结硬质合金　钢结硬质合金的代号为 YE。它以 WC、TiC 作硬质相（占 30%～40%），以高速钢（或合金钢）作黏结相（占 60%～70%）。其硬度、强度和韧性介于高速钢和硬质合金之间，可以进行冷加工和热加工，用于制造模具、拉刀、铣刀等形状复杂的刀具。

4. 新型刀具材料

（1）涂层刀具

高速钢刀具表面涂层处理的目的是在刀具表面形成硬度高、耐磨性好的表面层。涂层高速钢基体是强度、韧性好的高速钢，而表层是具有高硬度、高耐磨性的其他材料。

涂层硬质合金采用韧性较好的基体和硬度、耐磨性极高的表层（TiC、TiN、Al_2O_3 及超硬材料涂层等，厚度 5～13μm），通过物理（PVD）、化学气相沉积（CVD）及真空溅射等方法进行表面涂层，较好地解决了刀具的硬度、耐磨性与强度、韧性之间的矛盾，切削性能良好，具有较高的综合切削性能，能够适应多种材料的加工。涂层刀具的标识如图 2.23 所示。涂层材料主要有 TiC、TiN、Al_2O_3。大多采用 TiC-TiN 复合涂层、TiC-Al_2O_3-TiN 三复合涂层或 TiN/TiCN-Al_2O_3-TiCN，如图 2.24 所示。

（2）陶瓷材料

陶瓷具有很高的高温硬度和耐磨性，化学稳定性好，在高温下不易氧化，与金属亲合力小，不易发生黏结和扩散。但陶瓷抗弯强度低、冲击韧性差、导热性能差、线膨胀系数大。主

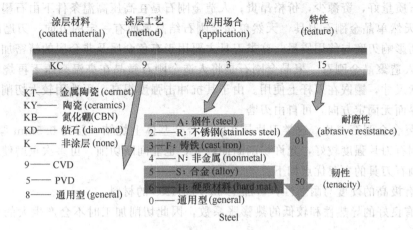

图 2.23　涂层刀具的识别体系（marking system for coated cutting tools）

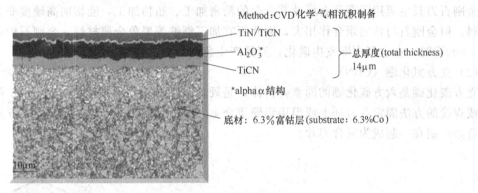

图 2.24　三层涂层刀具（coated cutting tool with three layers）

要用于冷硬铸铁、淬硬钢、有色金属等材料的精加工和半精加工。常用的有以下几种。

① 高纯氧化铝 Al_2O_3 陶瓷　这类陶瓷的主要成分是氧化铝 Al_2O_3，加入微量氧化镁 MgO，经冷压烧结而成。其硬度为 92～94HRA，抗弯强度为 0.392～0.491GPa。目前较少使用。

② 复合氧化铝 Al_2O_3-TiC 陶瓷　这类陶瓷是在 Al_2O_3 基体中添加 TiC、Ni、W 和 Co 等合金元素，经热压烧结而成，硬度为 93～94HRA，抗弯强度为 0.586～0.785GPa。这类陶瓷适合在中等切削速度下切削难加工材料。TiC 有效地提高了陶瓷的强度与韧性，改善了耐磨性及抗热振性，因此这类陶瓷也可用于断续切削条件下的铣削或刨削。

③ 复合氮化硅 Si_3N_4-TiC-Co 陶瓷　这类陶瓷是将硅粉氮化、球磨后，添加助烧剂，置于模腔内热压烧结而成。Si_3N_4 基陶瓷的性能特点如下。

a. 硬度高，达到 1800～1900HV，耐磨性好。

b. 耐热性、抗氧化性好，切削温度可达 1200～1300℃。

c. 氮化硅与碳和金属元素的化学反应小，摩擦因数也低，不粘屑，不易产生积屑瘤，从而提高了加工表面质量。

氮化硅陶瓷最大的特点是能高速切削灰铸铁、球墨铸铁、可锻铸铁等材料。氮化硅陶瓷适合于精车、半精车、精铣或半精铣，还可用于精车铝合金，达到以车代磨。

5．超硬刀具材料

（1）金刚石

金刚石是碳的同素异构体。硬度极高，接近于 10000HV。金刚石分天然和人造两种，天然金刚石质量好，资源少，价格昂贵；人造金刚石是在高压高温条件下由石墨转化而成。

① 天然单晶金刚石刀具　天然单晶金刚石结晶界面有一定的方向，刃磨时需选定某一平面，否则影响刃磨与使用质量。这类刀具主要用于有色金属及非金属的精密加工。

② 人造聚晶金刚石　聚晶金刚石是将人造金刚石微晶在高温高压下再烧结而成，可制成所需形状尺寸，镶嵌在刀杆上使用。由于其抗冲击强度提高，可选用较大切削用量。聚晶金刚石结晶界面无固定方向，可自由刃磨。

③ 复合金刚石刀片　这类刀片是在硬质合金基体上烧结一层约 0.5mm 厚的聚晶金刚石。复合金刚石刀片强度较好，允许切削断面较大，也能间断切削，可多次重磨使用。

金刚石刀具的主要优点如下。

① 有极高的硬度与耐磨性，可加工 65～70HRC 的材料。

② 有良好的导热性和较低的热膨胀系数，因此切削加工时不会产生大的热变形，有利于精密加工。

③ 刃面粗糙度较小，刃口非常锋利，因此能胜任薄层切削，用于超精密加工。

金刚石刀具主要用于有色金属及其合金的精密加工、超精加工，能切削高硬度非金属和复合材料。但金刚石与铁的亲合作用大，因此不宜加工钢铁等黑色金属材料。金刚石的热稳定性较差，800℃时，在空气中即发生碳化，刀具产生急剧磨损，丧失切削能力。

(2) 立方氮化硼 (CBN)

立方碳化硼是六方碳化硼的同素异构体，是硬度仅次于金刚石的物质。图 2.25 可用机械夹固或焊接的方法固定在刀杆上或焊接到硬质合金刀片上 (图 2.26)，也可以将立方氮化硼与硬质合金压制在一起成为复合刀片。

图 2.25　（上排）聚晶立方氮化硼刀粒和（下排）固态聚晶立方氮化硼刀粒

[inserts with polycrystalline cubic boron nitride tips（top row）and solid polycrystalline CBN inserts（bottom row）]

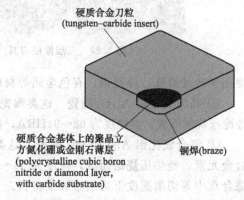

硬质合金刀粒
(tungsten-carbide insert)

硬质合金基体上的聚晶立方氮化硼或金刚石薄层
(polycrystalline cubic boron nitride or diamond layer, with carbide substrate)

铜焊(braze)

图 2.26　硬质合金刀粒上的聚晶立方氮化硼或金刚石薄层的构造

(construction of a polycrystalline cubic boron nitride or diamond layer on a tungsten-carbide insert)

立方氮化硼刀具的主要优点如下。

① 有很高的硬度与耐磨性，硬度达到 8000～9000HV，仅次于金刚石。

② 有很高的热稳定性和良好的化学惰性，1300℃时不发生氧化和相变，与大多数金属、铁系材料都不起化学作用，刀具的黏结与扩散磨损较小。

③ 有较好的导热性，与钢铁的摩擦因数较小。

④ 抗弯强度与断裂韧性介于陶瓷与硬质合金之间。

一些陶瓷刀具和超硬材料的性能用途见表 2.4。

表 2.4 常用刀具材料性能的比较

种类	硬度	耐热温度/℃	抗弯强度/GPa	工艺性能	用途
碳素工具钢	60～64HRC	约 200	2.5～2.8	可冷、热加工成形;工艺性能良好;磨削性能好,但需热处理	用于少数手动工具,如手动丝锥、板牙、铰刀、锯条、锉刀等
合金工具钢	60～65HRC	250～300	2.5～2.8		一般只用于手动或低速机动工具,如丝锥、板牙、拉刀等
高速钢	62～70HRC	540～600	2.5～4.5	可冷、热加工成形;工艺性能好;需经热处理;磨削性能好,但高钒类较差	用于各种刀具,特别是形状复杂的刀具,如钻头、铣刀、拉刀、齿轮、刀具、丝锥、板牙、刨刀等
铸造钴基合金(司太立特合金)	60～65HRC	600～650	1.4～2.8	只能铸造;磨削不需热处理	加工不锈钢、耐热钢等,也可堆焊于其他刀具的刀刃上
硬质合金	89～93.5 HRA	800～1000	0.9～2.5	压制烧结后作为镶片使用;不能热加工成形;不需热处理	用于车刀的切削部分,其他如铣刀、钻头、滚刀、刨刀等,也可作镶片或整体使用
陶瓷材料	91～94HRA	>1200	0.45～0.85		多用于车刀;因为刀片性脆,适宜于连续切削
热压氮化硅	200HV	1300	0.75～0.85	压制烧结而成,不需热处理,可用金刚石砂轮或立方氮化硼砂轮磨削	适用于高硬度材料的精加工及半精加工
聚晶立方氮化硼(CBN)	3700～4500 HV	1000～1300	0.42	高温高压条件下聚晶而成,可用金刚石砂轮磨削	适用于硬度、强度较高的黑色金属的精加工,在空气中达到 1300℃ 时仍保持性能稳定
聚晶人造金刚石	7500～8500 HV	<723	0.3	用人造或天然金刚石砂轮刃磨	用于有色金属和非金属的高精度、粗糙度要求较高的切削,温度达 700～800℃ 时易碳化

6. 刀具材料的性能综合比较

表 2.5 是常用刀具材料的性能比较,图 2.27 给出了不同刀具材料主要性能的差异和趋势,选择时应考虑工件材料性质、加工余量、生产纲领、工件的结构等。图 2.28 是不同刀具材料的合理切削速度和进给量的选择范围。

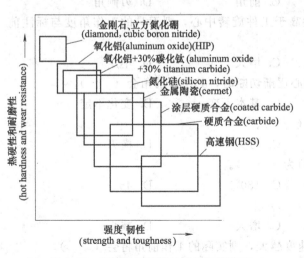

图 2.27 不同组别刀具材料的性能范围
(ranges of properties for various groups of tool materials)

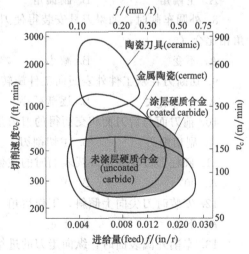

图 2.28 几种刀具材料的切削速度和进给量的适宜范围
(the range of applicable cutting speeds and feeds for a variety of tool materials)

习题

一、简答题

1. 总体上看，刀具由哪两部分构成？

2. 以普通车刀为例，刀具的切削部分包含哪些几何结构要素？

3. 正交平面参考系是如何定义的？三个相互垂直的平面分别标注哪些角度？

4. 根据刀具的工况，试述刀具切削部分的材料应该具备哪些性能？

5. 刀具材料有哪些类别？

6. 硬质合金有哪些主要类别？其各自的特点如何？

7. 超硬刀具材料有哪些类别？其各自的特点如何？

二、选择题

1. 加工中切下的切屑流过的刀面，叫做（   ）。

A. 基面   B. 后面   C. 前面   D. 副后面

2. 与工件已加工表面相对的刀具表面是（   ）。

A. 前面   B. 后面   C. 基面   D. 副后面

3. 与加工工件的过渡面相对的面是（   ）

A. 前面   B. 副后面   C. 基面   D. 后面

4. 基面通过切削刃上选定点并垂直于（   ）。

A. 刀杆轴线   B. 进给运动方向   C. 主运动方向   D. 工件轴线

5. 切削平面通过切削刃上选定点，与基面垂直，并且（   ）。

A. 与切削刃相切   B. 与切削刃垂直   C. 与后面相切   D. 与前面垂直

6. 能够反映前刀面倾斜程度的刀具角度为（   ）。

A. 主偏角   B. 副偏角   C. 前角   D. 刃倾角

7. 影响切屑流向并反映切削刃相对于基面倾斜程度的刀具标注角度为（   ）。

A. 主偏角   B. 副偏角   C. 前角   D. 刃倾角

8. 外圆车削时，如果刀具安装得使刀尖高于工件旋转中心，则刀具的工作角度与标注前角相比会（   ）。

A. 不变   B. 减小   C. 增大   D. 不定

9. 切断刀在从工件外表面向工件旋转中心逐渐切断时，其工作前角会（   ）。

A. 逐渐增大   B. 逐渐减小   C. 基本不变   D. 变化不定

10. 前刀面与后刀面相交而得的刀刃是（   ）。

A. 副切削刃   B. 主切削刃   C. 刀尖   D. 横刃

11. 圆柱形砂轮磨削外圆表面时的主偏角为（   ）。

A. 90°   B. 0°   C. 180°   D. 45°

12. 安装时刀尖向上倾斜，工作后角（   ）。

A. 不变   B. 不定   C. 增大   D. 减小

13. 车削外圆表面时，纵向走刀的进给速度越大，则实际的工作前角将会（   ）。

A. 不定   B. 减小   C. 增大   D. 不变

14. 切断刀的结构特征是（   ）。

A. 一尖二刃三面   B. 二尖三刃四面   C. 二尖二刃五面   D. 一尖三刃四面

15. W18Cr4V 是一种（   ）刀具材料。

A. 钨系高速钢　　　B. 钨钼系高速钢　　　C. 合金工具钢　　　D. 硬质合金

16. YT30 属于一种（　　）硬质合金。

A. 钨钴类　　　　　B. 钨钴钛类　　　　　C. 通用类　　　　　D. TiC 基

17. 下列牌号的硬质合金中（　　）的硬度最高。

A. YT5　　　　　　B. YT15　　　　　　C. YT14　　　　　D. YT30

18. 以下刀具材料中（　　）最适用于铸铁件粗加工。

A. 金刚石　　　　　　　　　　　　　B. 钨钴钛类硬质合金

C. TiC 基硬质合金　　　　　　　　　D. 钨钴类硬质合金

19. 下列刀具材料中（　　）的常温硬度最高。

A. 氧化铝基陶瓷　　B. 氮化硅基陶瓷　　C. 人造金刚石　　　D. CBN

20. 刀具在高温下能保持正常切削的性能是指（　　）。

A. 硬度　　　　　　B. 耐磨性　　　　　C. 强度　　　　　　D. 红硬性

21. 刀具材料的硬度必须高于工件材料，刀具材料的常温硬度要大于（　　）HRC。

A. 62　　　　　　　B. 38　　　　　　　C. 77　　　　　　　D. 92

22. 目前最常用的刀具材料是高速钢和（　　）。

A. 金刚石　　　　　B. 工具钢　　　　　C. 硬质合金　　　　D. 金属陶瓷

23. 普通高速钢可分为钨系和（　　）高速钢。

A. 钼　　　　　　　B. 钴　　　　　　　C. 钨钼系　　　　　D. 铝

24. 高性能高速钢就是在普通高速钢中加入一些其他合金元素，如（　　）等，以提高耐热性和耐磨性。

A. 镍、铝　　　　　B. 钒、铝　　　　　C. 钴、铝　　　　　D. 铜、镍

25. 硬质合金是由高硬度、高熔点的金属（　　）粉末，用钴或镍等金属作结合剂烧结而成的粉末冶金制品。

A. 碳化物　　　　　B. 氮化物　　　　　C. 氧化物　　　　　D. 氢化物

26. TiC（碳化钛）基硬质合金，是以 TiC 为主要成分，用镍或钼作结合剂烧结而成的，其代号为（　　）。

A. YT　　　　　　　B. YG　　　　　　　C. YN　　　　　　　D. YW

27. 硬质合金 YG3 和 YG8 相比，YG3 的硬度、耐磨性和允许的切削速度（　　）YG8。

A. 高远于　　　　　B. 等于　　　　　　C. 低于　　　　　　D. 高于

28. 使用陶瓷刀具可加工钢、铸铁，对于冷硬铸铁、淬硬钢的车削效果（　　）。

A. 一般　　　　　　B. 很好　　　　　　C. 较差　　　　　　D. 不稳定

29. 复合氮化硅陶瓷和立方氮化硼相比，复合氮化硅陶瓷的硬度和耐磨性（　　）。

A. 高得多　　　　　B. 较高　　　　　　C. 较低　　　　　　D. 极高

30. 尽管金刚石是最硬的刀具材料，但热稳定性较差，温度达到（　　）时，发生碳化。

A. 600℃　　　　　B. 1300℃　　　　　C. 800℃　　　　　D. 1000℃

31. 立方氮化硼的热稳定性和化学惰性比金刚石好得多，它最高可耐（　　）的高温。

A. 800℃　　　　　B. 1000 ℃　　　　　C. 1300℃　　　　　D. 1700℃

三、填空题

1. 正交平面参考系包含三个相互垂直的参考平面，分别是＿＿＿＿＿、＿＿＿＿和正交平面。

2. 主偏角是指在基面投影上主切削刃与＿＿＿＿的夹角。

3. 刃倾角是指主切削刃与基面之间的夹角，在＿＿＿＿面内测量。

4. 外圆车削时如果刀尖低于工件旋转中心，其工作后角会_____。

5. W18Cr4V、W6Mo5Cr4V2 分别属于_____系高速钢和_____系高速钢。

6. 在正交平面上投影面上主要标注_____和_____。

7. YG 类硬质合金牌号中的数字越大，则其强度越_____，硬度越_____。

8. YT 类硬质合金牌号中的数字越大，则其强度越_____，硬度越_____。

9. 细晶粒硬质合金比同样成分的中晶粒硬质合金的硬度_____。

10. 复合陶瓷刀具材料按其基体成分可分为_____基和_____基陶瓷两大类。

11. 金刚石的耐热性比立方氮化硼_____。

12. 整体刀具通常采用的刀具材料是_____。

四、判别题

1. 主偏角即主切削刃偏离刀具中心线的角度。（　）

2. 前角即前面与基面间的夹角，在正交平面内测量。（　）

3. 刀尖在刀刃的最高位置时，刃倾角为正。（　）

4. 切削用量的大小反映了单位时间材料去除量的多少，是衡量生产率的重要参数。（　）

5. 背吃刀量也称为切削深度。（　）

6. 刀具切削部分最前面的端面称为前刀面。（　）

7. 顾名思义，高速钢刀具的合理工作速度远高于硬质合金。（　）

8. 车刀切削部分的硬度必须大于工件材料的硬度。（　）

9. 在硬质合金中含有高硬度、高熔点的金属碳化物，所以，硬质合金的硬度、耐热性和耐磨性都超过了高速钢。（　）

10. 金刚石刀具的刀刃可以磨得非常锋利，可对有色金属进行精密和超精密高速车削加工。（　）

11. 金刚石硬度极高，可以加工有色金属，还可以加工钢铁等黑色金属。（　）

五、作图题

试绘制一把车刀的工作草图，其标注前角 $\gamma_o=13°$、后角 $\alpha_o=10°$、主偏角 $\kappa_r=60°$、副偏角 $\kappa_r'=30°$、刃倾角 $\lambda_s=10°$。

第三章

切削过程

第一节 切削变形、切屑、断屑、积屑瘤

1. 切削变形

金属切削的变形过程也是切屑的形成、卷曲和排除过程。

(1) 变形区的划分

在金属切削过程中，金属切削层经受刀具的挤压作用，发生弹性变形、塑性变形、剪切、摩擦直至脱离工件，形成切屑沿刀具前刀面排出。通常将这个过程大致分为三个剪切区，如图 3.1 所示。

① 第一剪切区 由 OA 线和 OM 线围成的区域称为第一剪切区，也称剪切滑移区。这是切削过程中产生变形的主要区域，在此区域内产生充分的塑性变形形成切屑。

② 第二剪切区 它是指刀-屑接触区。切屑沿前刀面流出时进一步受到前刀面的挤压和摩擦，切屑卷曲，靠近前刀面处晶粒纤维化，其方向基本和前刀面平行。

③ 第三剪切区 它是指刀-工接触区。已加工表面受到切削刃钝圆部分与后刀面的挤压和摩擦产生变形，造成晶粒纤维化与表面加工硬化。

这三个剪切区的变形是互相牵连的，切削变形是一个整体，是在极短的时间内完成的。

(2) 切削变形程度的衡量

为了深入分析和定量研究切削变形的变化规律，通常用切削变形系数 Λ_h、剪切应变 ϵ 和剪切角 φ 作为衡量切削变形程度的指标，如图 3.2 所示。

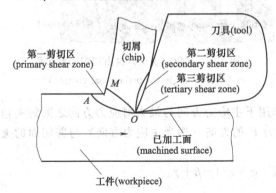

图 3.1 金属切削过程中可能的变形
(the possible deformation in metal cutting)

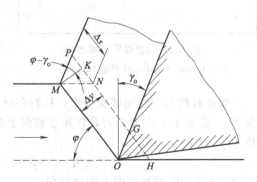

图 3.2 剪切变形（shear deformation）

① 剪切应变 ε　金属是在剪切面上产生剪切滑移变形成为切屑的，可用剪切应变 ε 近似衡量切削变形。

切削层中 $m'n'$ 线滑移至 $m''n''$ 位置时的瞬时位移为 Δy，其滑移量为 Δs，实际上 Δy 很小，故滑移在剪切面上进行。滑移量 Δs 越大，说明变形越严重。剪切应变 ε 表示为

$$\varepsilon = \Delta s/\Delta y = (n'p + pn'')/MP = \cot\varphi + \tan(\varphi - \gamma_o) = \cos\gamma_o/\sin\varphi\cos(\varphi - \gamma_o)$$

由上式可知，增大前角 γ_o 和剪切角 φ，则剪切应变 ε 减小，即切削变形减小。

② 切削变形系数 Λ_h　如果把切削时形成的切屑与切削层尺寸比较，就会发现切屑长度 L_{ch} 小于切削层长度 L_c，切屑厚度 h_{ch} 却大于工件上切削层的厚度 h_D（假设宽度不变）。切削变形系数 Λ_h 就是切屑厚度 h_{ch} 与切削层的厚度 h_D 的比值，即切削厚度的压缩比，或者是切削层长度 L_c 和切屑长度 L_{ch} 的比值，即

$$\Lambda_h = h_{ch}/h_D = L_c/L_{ch} > 1$$

式中　L_c，h_D——切削层长度和厚度；

　　　　L_{ch}，h_{ch}——切屑长度和厚度。

剪切角 φ 与切削变形系数 Λ_h 之间的关系为

$$\Lambda_h = h_{ch}/h_D = OM\cos(\varphi - \gamma_o)/OM\sin\varphi = \cos(\varphi - \gamma_o)/\sin\varphi$$

上式经变换后也可写成

$$\tan\varphi = \cos\gamma_o/(\Lambda_h - \sin\varphi)$$

可以推出切削变形系数 Λ_h 与剪切应变 ε 之间的关系为

$$\varepsilon = (\Lambda_h 2 - 2\Lambda_h\sin\gamma_o + 1)/\Lambda_h\cos\gamma_o$$

切削变形系数 Λ_h 总是大于1，直观地反映了切削变形的程度，并且容易测量（图3.3）。Λ_h 值越大，表示变形越大。剪切角增大，前角增大，则变形系数 Λ_h 减小，说明切削变形减小。

③ 剪切角 φ　剪切角 φ 也可反映出切削变形程度，φ 越大，切削变形程度越小，如图3.4所示。

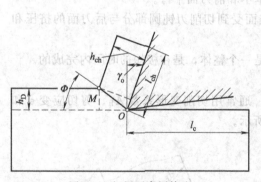

图3.3　切屑厚度压缩比

(compression ratio of chip thckness)

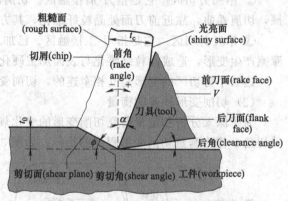

图3.4　直角（正交）自由切削的剪切角

(shear angle for orthogonal cutting)

根据材料力学性能试验结果，材料在外力作用下主应力方向与最大剪应力方向之间的夹角为 45°（或 $\pi/4$），因此，刀具作用在切屑上的合力 F 的方向（相当主应力方向）与剪切面的夹角为 $\varphi + \beta - \gamma_o$，即

$$\pi/4 = \varphi + \beta - \gamma_o \quad 或 \quad \varphi = \pi/4 - \beta + \gamma_o$$

式中　β——刀-屑摩擦面上的摩擦角；

　　　　γ_o——刀具前角。

（3）影响切削变形的主要因素

影响切削变形的主要因素有：工件材料、刀具前角、切削速度和切削厚度。

① 工件材料 工件材料的强度和硬度越大，则切削变形系数越小，故刀-屑接触长度越小，摩擦因数 μ 减小，使剪切角 φ 增大，因而切削变形系数 Λ_h 减小。

② 刀具前角 刀具前角越大，切削刃越锋利，前刀面对切削层的挤压作用越小，并能直接增大剪切角 φ，则切削变形就越小。但前角增大，摩擦因数会增大。

③ 切削速度 如图 3.5 所示，在切削塑性金属材料时，在有积屑瘤的切削速度范围内（$v_c \leqslant 40\text{m/min}$），切削速度通过积屑瘤来影响切削变形。在积屑瘤增长阶段中，积屑瘤高度增大，实际前角增大，使切削变形减小；在积屑瘤消退阶段中积屑瘤高度减小，实际前角减小，切削变形随之增大。积屑瘤最大时切削变形达最小值，积屑瘤消失时切削变形达最大值。

在无积屑瘤的切削速度范围内或切削铸铁等脆性材料时，切削速度越大，切削变形越小。

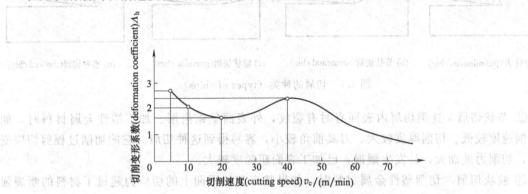

图 3.5 切削速度对切削变形系数的影响
(affection of cutting speed on deformation coefficient)

④ 切削厚度 切削厚度对切削变形的影响是通过摩擦因数影响的。切削厚度增加，作用在前刀面上的平均法向力 σ_{av} 增大，摩擦因数 μ 减小，剪切角 φ 增大，因此切削变形减小。

2. 切屑的形成

（1）切屑形成过程（图 3.6）

当刀具和工件开始接触时，材料内部产生应力和弹性变形；随着切削刃和前刀面对工件材料的挤压作用加强，工件材料内部的应力和变形逐渐增大，当切应力达到材料的屈服强度 τ_s 时，材料将沿剪切面滑移，即产生塑性变形。剪切力随滑移量增加而增加，当切应力超过工件材料的强度极限时，切削层金属便与工件基体分离，从而形成切屑沿前刀面流出。由此得出，第一变形区变形的主要特征是沿滑移面的剪切变形。

总之，切屑形成过程就是被切削层金属在刀具作用下产生剪切滑移变形的过程。

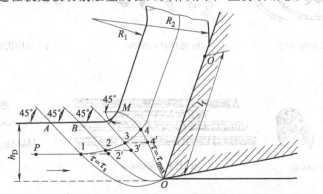

图 3.6 切屑的形成过程（chip forming process）

（2）切屑的种类

由于工件材料性质和切削条件不同，切削层变形程度也不同，因而产生的切屑也多种多样。归纳起来，主要有以下四种类型（图3.7）。

① 带状切屑　切屑延续成较长的带状，这是一种最常见的切屑。一般切削钢材（塑性材料）时，如果切削速度较高、切削厚度较薄、刀具前角较大，则切出内表面光滑而外表面呈毛茸状的切屑。它的切削过程较平稳，切削力波动较小，加工表面粗糙度较小。

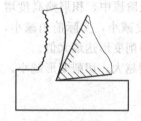 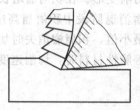  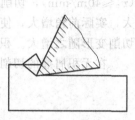

(a) 带状切屑(continuous chip)　(b) 节状切屑(segmental chip)　(c) 粒状切屑(granular chip)　(d) 崩碎切屑(cracked chip)

图 3.7　切屑的种类 （types of chips）

② 节状切屑　这类切屑内表面有时有裂纹，外表面呈锯齿形。加工塑性金属材料时，如果切削速度较低、切削厚度较大、刀具前角较小，容易得到这种切屑。它的切削过程剪切应变较大，切削力波动大，易发生颤振，已加工表面粗糙度较大。

③ 粒状切屑　切削塑性金属材料时，如果整个剪切平面上的切应力超过了材料的断裂强度，挤裂切屑便被切离成单元切屑。采用小前角或负前角，以极低的切削速度和大的切削厚度切削时，会产生这种形态的切屑，此时，切削过程更不稳定，工件表面质量也更差。

对同一种工件材料，采用不同切削条件切削时，切屑形态会随切削条件改变而改变。

④ 崩碎切屑　属于脆性材料的切屑。切屑的形状是不规则的，加工表面是凹凸不平的。加工铸铁等脆性材料时，由于抗拉强度较低，刀具切入后，切削层金属只经受较小的塑性变形就被挤裂，或在拉应力状态下脆断，形成不规则的碎块状切屑。

（3）切屑的形状

金属切削加工中常见的切屑形状如图 3.8 所示，生产中较为理想的形状有弧状、宝塔状、

(a) 长条状 (long strip)　(b) 弧状 (arcuation)　(c) 宝塔状(pagoda)

 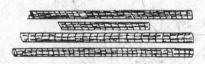 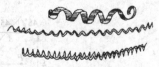

(d) 盘旋状 (whirlabout)　(e) 管状 (tubulous)　(f) 螺旋状(spiral)

图 3.8　切屑的形状 （shapes of chips）

盘旋状等，便于处理。

（4）断屑措施

长尺寸的切屑可能损伤已加工面、划伤机床，还可能伤及操作者，而且也给切屑的收集带来困难，所以断屑的好坏影响到加工质量和安全性等方方面面。常见的断屑措施如下。

① 附加断屑台　如图 3.9 所示，在前刀面上固定附加断屑台或挡块，使得切屑碰撞断屑台而折断，但可能带来排屑的堵塞。

② 开设断屑槽　硬质合金刀片前刀面上可压制出折线型、直线圆弧型和全圆弧型三种断屑槽（图 3.10）。

③ 振动切削　常用振动切削方式，实现间断进给，造成切削厚度不均，狭小截面处容易因应力集中而造成断裂。

④ 冷冻脆断　利用材料冷脆特性，对加工区域喷射零下数十摄氏度的冷气达到断屑目标。

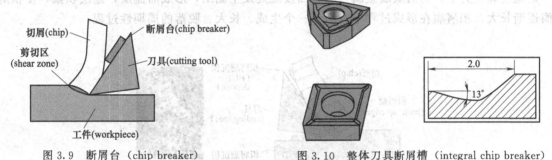

图 3.9　断屑台（chip breaker）　　　　图 3.10　整体刀具断屑槽（integral chip breaker）

3. 切削变形的影响

（1）工件的冷作硬化

冷作硬化亦称加工硬化，它是在第三变形区内产生的物理现象（图 3.11）。任何刀具的切削刃口都很难磨得绝对锋利，当在钝圆弧切削刃和其邻近的狭小后面的切削、挤压和摩擦作用下，使已加工表面层的金属晶粒产生扭曲、挤紧和破碎，这种经过严重塑性变形而使表面层硬度增高的现象称为加工硬化。金属材料经硬化后提高了屈服强度，并在已加工表面上出现显微裂纹和残余应力，降低材料疲劳强度。材料的塑性越大，金属晶格滑移越容易，滑移面越多，硬化越严重。

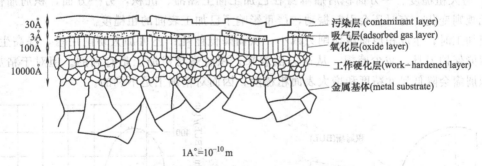

$1A° = 10^{-10} m$

图 3.11　工件截面上的工作层材料复合结构

（a workmaterial complex structure on the cross section of the workpiece）

生产中通常采取以下措施来减轻硬化程度。

① 磨出锋利切削刃　在刃磨时切削刃钝圆弧半径 r_n 由 0.5mm 减小到 0.005mm，则使硬化程度降低 40%。

② 增大前角或增大后角　前角 γ_o 或后角 α_o 增大，使切削刃钝圆弧半径 r_n 减小，切削变形随之减小。

③ 减小背吃刀量 a_p　适当减少切入深度，切削力减小，切削变形小，冷硬程度减轻。

④ 合理选用切削液　浇注切削液能减小刀具后面与加工表面摩擦，切削的效果更好。

(2) 刀尖积屑瘤

① 积屑瘤（BUE）及其形成过程　在用中等或较低的切削速度切削塑性较大的金属材料时，往往会在切削刃上黏附一个楔形硬块，称为积屑瘤，如图 3.12 所示。它是在第二变形区内，由于摩擦和变形形成的物理现象。积屑瘤的硬度为工件材料的 2～3 倍，可以替代刀刃进行切削。在生产中对钢、铝合金和铜等塑性材料进行中速车、钻、铰、拉削和螺纹加工时常会出现积屑瘤。

积屑瘤的成因，目前尚有不同的解释，通常认为是切屑底层材料在前刀面上黏结（亦称为冷焊）并不断层积的结果。在切削过程中，由于刀-屑间的摩擦，使刀具前刀面十分洁净，在一定温度和压力下，切屑底层金属与前刀面接触处发生黏结，形成滞流层，逐层积聚，使积屑瘤逐渐长大，积屑瘤在形成过程中经历了一个生成、长大、脱落的周期性过程。

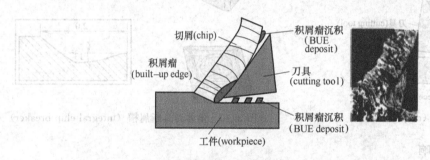

图 3.12　积屑瘤的形成（formation of built-up edge）

② 积屑瘤对切削过程的影响　积屑瘤对切削过程有积极的作用，也有消极的影响。

a. 保护刀具。积屑瘤包围着切削刃，代替切削刃和前刀面进行切削，减少刀具磨损。

b. 增大前角。积屑瘤具有 30°左右的前角（图 3.13），因而减少切削变形，降低切削力。

c. 影响尺寸精度。积屑瘤前端伸出于切削刃之外，使切削厚度增加了 Δh_D。由于积屑瘤的产生、成长和脱落是一个周期性的动态过程，Δh_D 值是变化的，影响了工件的尺寸精度。

d. 增大粗糙度。一方面积屑瘤本身在已加工面上黏滞、沉积，另一方面，积屑瘤使切削厚度无规则变化，有时还会引起振动，严重影响了已加工表面的粗糙度。

粗加工时，生成积屑瘤后切削力减小，从而降低能耗；还可加大切削用量，提高生产率；积屑瘤能保护刀具，减少磨损。从这方面看来，积屑瘤对粗加工是有利的。但对于精加工来说，积屑瘤会降低尺寸精度和增大表面粗糙度，因而对精加工是不利的。

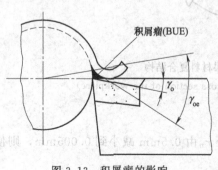

图 3.13　积屑瘤的影响
(the generating of BUE)

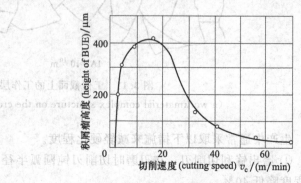

图 3.14　切削速度对积屑瘤的影响
(influence of cutting speed on built-up edge)

③ 影响积屑瘤形成的因素　主要因素有工件材料、切削速度、刀具前角及切削液等。脆性材料一般不产生积屑瘤；切削速度很低（<1～3m/min）或很高（>80m/min）都很少产生积屑瘤（图 3.14），在中等速度范围内最容易产生积屑瘤，因为该切削速度形成的切削温度使得摩擦因数很大造成的。刀具前角大，可抑制积屑瘤的产生或减小积屑瘤的高度。

第二节　切削力、切削功率

1. 切削力

（1）切削力的来源

如图 3.15 所示，在刀具作用下，被切削层金属、切屑和已加工表面金属都在发生弹性变形和塑性变形，因此产生的弹性压力和塑性压力分别作用于前、后刀面。切屑沿前刀面流出，有摩擦力 F_{fr} 作用于前刀面；刀具后刀面和工件间有相对运动，又有摩擦力 F_{fa} 作用于后刀面。

（2）切削力的分解

作用在刀具上的各种力的总和形成作用在刀具上的合力 F。为了便于测量和应用，可以将合力 F_r 分解为三个相互垂直的分力 F_c、F_p、F_f，如图 3.16 所示。

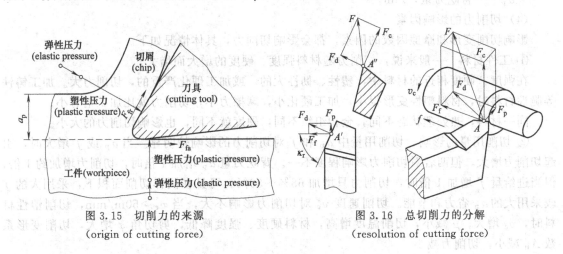

图 3.15　切削力的来源
(origin of cutting force)

图 3.16　总切削力的分解
(resolution of cutting force)

① 主切削力（切向力）F_c　它是主运动方向上的切削分力，切于过渡表面并与基面垂直，消耗功率最多。它是计算刀具强度、设计机床零件、确定机床功率的主要依据。

② 进给力（轴向力）F_f　它是作用在进给方向上的切削分力，处于基面内（车削时与工件轴线平行的力）。它是设计走刀机构、计算刀具进给功率的依据。

③ 背向力（径向力、法向力）F_p　它是作用在吃刀方向上的切削分力，处于基面内（车削时与工件轴线垂直的力）。它是确定与工件加工精度有关的工件挠度、切削过程的振动的力。

$$F = \sqrt{F_c^2 + F_d^2} = \sqrt{F_c^2 + F_p^2 + F_f^2}$$

随着切削加工时的条件不同，F_c、F_f、F_p 之间的比例可在较大范围内变化。

（3）切削力的计算

利用测力仪测出切削力，再将实验数据加以适当处理，可以得到计算切削力的经验公式。实际应用中计算切削力的问题分为两类：一类是应用经验公式计算切削力，另一类是计算单位切削力。

① 切削力计算的经验公式　常用的经验公式形式如下

$$F_c = C_{F_c} a_p^{x_{F_c}} f^{y_{F_c}} v_c^{n_{F_c}} K_{F_c}$$

$$F_p = C_{F_p} a_p^{x_{F_p}} f^{y_{F_p}} v_c^{n_{F_p}} K_{F_p}$$

$$F_f = C_{F_f} a_p^{x_{F_f}} f^{y_{F_f}} v_c^{n_{F_f}} K_{F_f}$$

式中　F_c，F_p，F_f——主切削力、背向力、进给力，N；

　　　C_{F_c}，C_{F_p}，C_{F_f}——决定于被加工材料、切削条件的参数；

x_{F_c}，y_{F_c}，n_{F_c}，x_{F_p}，y_{F_p}，

n_{F_p}，x_{F_f}，y_{F_f}，n_{F_f}——各参数对切削力的影响程度的指数值；

　　　K_{F_c}，K_{F_p}，K_{F_f}——当实际加工条件与实验条件不符时，各因素对切削力的修正系数之积。

以上各系数和指数的具体数值可查阅有关手册。

② 单位切削力的计算　单位切削力 k_c 是指单位切削层面积上的主切削力，单位为 N/mm²。

$$k_c = F_c / A_D = F_c / (a_p f)$$

式中　F_c——主切削力；

　　　A_D——切削层面积，mm²；

　　　f——进给量，mm/s；

　　　a_p——背吃刀量，mm。

（4）切削力的影响因素

影响切削变形和摩擦因数的因素，都会影响切削力，具体情况如下。

① 工件材料　一般来说，切削力随材料强度、硬度的增大而增大。

在强度、硬度相近的材料中，塑性、韧性大的，或加工硬化严重的，切削力大。加工铸铁等脆性材料时，材料塑性变形很小，加工硬化小，摩擦力小，切削力就比加工钢时小。

同一材料，热处理状态不同，金相组织不同，硬度就不同，也影响切削力的大小。

② 切削用量的影响　切削用量中 a_p 和 f 对切削力的影响较明显。当 a_p 或 f 增大时，引起切削力增大，但两者对切削力影响程度不一。背吃刀量 a_p 增加 1 倍时，切削力增加约 1 倍，但当进给量 f 增加 1 倍时，切削力只增加 68%～86%。可见在同样切削面积下，采用大的 f 较采用大的 a_p 省力和节能。切削速度 v_c 对切削力影响不大，当 $v_c > 50$m/min，切削塑性材料时，v_c 增大，μ 减小，切削温度增高，材料硬度、强度降低，剪切角 φ 增大，切削变形系数 Λ_h 减小，切削力减小。

③ 刀具几何参数的影响　刀尖圆弧半径 r_ε 对切削力的影响如图 3.17 所示。刀具几何参数中前角 γ_o 和主偏角 κ_r 对切削力的影响比较明显图 3.18，前角 γ_o 对切削力的影响最大。加工钢料时，γ_o 增大，切削变形系数 Λ_h 明显减小，切削力减小得多些。

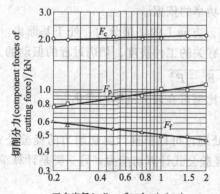

图 3.17　刀尖圆弧半径对切削力的影响

(influence of tool point radius on cutting force)

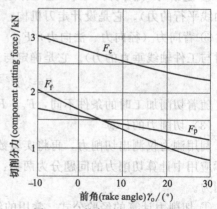

图 3.18　前角对切削力的影响

(influence of rake on cutting force)

主偏角 κ_r 适当增大,使切削厚度 h_D 增加,单位切削面积上的切削力 κ_c 减小。在切削力不变的情况下,主偏角大小将影响背向力和进给力的分配比例,如图 3.19 所示,当主偏角 κ_r 增大时,背向力 F_p 减小,进给力 F_f 增加;当主偏角 $\kappa_r=90°$ 时,背向力 $F_f=0$,有利于减少工件弯曲变形和振动。

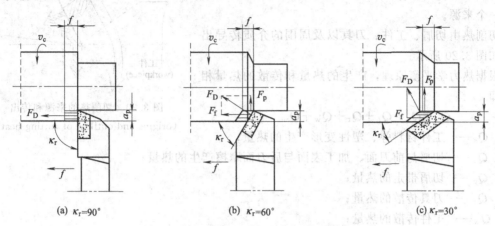

(a) $\kappa_r=90°$　　　　　(b) $\kappa_r=60°$　　　　　(c) $\kappa_r=30°$

图 3.19　主偏角对背向力和进给力比例的影响

(influence of cutting edge angle on proportion between back force and feeding force)

④ 其他影响因素　刀具材料与被加工材料的摩擦因数直接影响摩擦力,进而影响切削力。在相同切削条件下,陶瓷刀具的切削力最小,硬质合金刀具次之,高速钢刀具的切削力最大。此外,合理选择切削液可降低切削力;刀具后刀面磨损量增大,摩擦加剧,切削力也增大。

2. 切削功率计算

(1) 切削功率计算公式

切削过程中消耗的功率,称为切削功率。它是主切削力 F_c 与进给力 F_f 所消耗的功率之和,而背向力 F_p 无位移,故不做功。由于 F_f 消耗的功率所占的比例很小,为 $1\%\sim5\%$,故常略去不计。于是,当 F_c 及 v_c 已知时,切削功率 P_c 即可由下式求出

$$P_c=F_c v_c\times10^{-3}/60$$

式中　P_c——切削功率,kW;

　　　F_c——主切削力,N;

　　　v_c——切削速度,m/min。

机床电动机所需的功率 P_E 应为

$$P_E=P_c/\eta_m$$

式中　η_m——机床的传动效率,一般取 $\eta_m=0.80\sim0.85$。

(2) 单位切削功率(比能)

单位时间内切下单位体积金属需要的功率称为单位功率 p_c,单位为 kW/mm^3。

$$p_c=P_c/Q=P_c/(1000v_c a_p f)$$

式中　Q——单位时间内的金属切除量,mm^3/s。

第三节　切削热、切削温度

切削热引起切削温度升高,使工件产生热变形,影响工件的加工精度和表面质量。切削温度是影响刀具耐用度的主要因素。

1. 切削热的产生和传出

在刀具切削作用下，切削层金属发生弹性变形和塑性变形，是切削热的一个来源。在切屑与前刀面、工件与后刀面间消耗的摩擦功也将转化为热能，这是切削热的又一个来源。

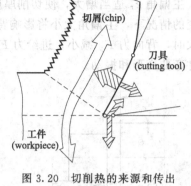

图 3.20　切削热的来源和传出
（origins and outflow of cutting heat）

切削热由切屑、工件、刀具以及周围的介质传导出去，如图 3.20 所示。

根据热力学平衡原理，产生的热量和传散的热量相等，即

$$Q_s + Q_r = Q_c + Q_t + Q_w + Q_m$$

式中　Q_s——工件材料弹、塑性变形产生的热量；

Q_r——切屑与前刀面、加工表面与后刀面摩擦产生的热量；

Q_c——切屑带走的热量；

Q_t——刀具传散的热量；

Q_w——工件传散的热量；

Q_m——周围介质带走的热量。

影响热传导的主要因素是工件和刀具材料的热导率以及周围介质的状况。切削热是由切屑、工件、刀具和周围介质按一定比例传散的。如果工件材料的热导率较高，由切屑和工件传导出去的热量就多。如果刀具材料的热导率较高，则切削区的热量容易从刀具传导出去。采用冷却性能好的水溶剂切削液能有效地降低切削温度。空气近似绝热，不参与导热。

2. 切削温度的分布

切削温度的确定以及切削温度在切屑-工件-刀具中的分布可利用热传导和温度场的理论计算确定，常用的是通过实验方法测定。切削温度的测量方法很多，如自然热电偶法、人工热电偶法、热敏涂色法、热辐射法和远红外法等。生产实践中最方便、最简单、最常用的是采用自然热电偶法。典型的温度分布如图 3.21 所示。

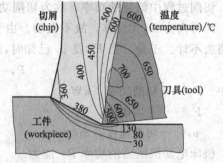

图 3.21　切削区的典型温度分布
（temperature distribution in the cutting zone）

3. 切削温度的影响因素

工件材料、切削用量、刀具几何参数和刀具磨损、切削液等是影响切削温度的主要因素。

（1）工件材料

被加工工件材料不同，切削温度相差很大，是由于各种材料强度、硬度、塑性和热导率不同形成的。工件材料强度和硬度、塑性大，切削力大，产生的热多，切削温度升高。热导率大则热量传散快，使切削温度降低。切削温度是切削热产生与传散的综合结果。

（2）切削用量

① 背吃刀量 a_p　a_p 增加，变形和摩擦加剧，产生的热量增加；同时，切削宽度按比例增大，参与切削的刃口长度按比例增加，散热条件得到改善。a_p 对切削温度影响较小。

② 进给量 f　f 增大，产生的热量增加。虽然 f 增大，切削厚度增大，切屑的热容量大，带走的热量多，但切削宽度不变，刀具的散热条件没有得到改善，切削温度有所上升。

③ 切削速度 v　v 增大，单位时间内金属切除量按比例增加，产生的热量增大，而刀具的传热能力没有改变，切削温度将明显上升，切削速度对切削温度的影响最为显著。

（3）刀具几何参数

刀具几何参数中前角 γ_o 和主偏角 κ_r 对切削温度的影响比较明显。

① 前角 γ_o。γ_o 增大，剪切角增大，变形和摩擦均减小，切削热减小，切削温度降低。继续增大 γ_o，楔角 β_o 减小，刀具传热能力降低，切削温度反而逐渐升高，刀尖强度下降。

② 主偏角 κ_r。在 a_p 相同的情况下，κ_r 增大，刀具切削刃的实际工作长度缩短，刀尖角减小，传热能力下降，因而切削温度会上升。反之，若 κ_r 减小，则切削温度下降。

③ 刀尖圆弧半径 r_ε。r_ε 增大，刀具切削刃的平均主偏角 κ_r 减小，切削宽度按比例增大，刀具的传热能力增大，切削温度下降。

（4）切削液

合理使用切削液对降低切削温度、减小刀具磨损、提高已加工表面质量有明显的效果。切削液的热导率、比热容和流量愈大，浇注方式愈合理，切削温度愈低，冷却效果愈好。

（5）刀具磨损

刀具的磨损后，会增大对切削温度的影响，随着切削速度的提高，影响就愈显著。

第四节　刀具磨损、耐用度

在高温、高压条件下，刀具前、后刀面分别与切屑、工件强烈摩擦，刀具会逐渐被磨损消耗或以其他形式损坏。刀具过早、过多磨损会对切削过程和生产效率带来很大的影响。

1. 刀具磨损形式

刀具磨损（图 3.22）可分为正常磨损和破损两种形式。正常磨损是指刀具材料的微粒被工件或切屑带走的现象。破损是指由于冲击、振动、热效应等原因，致使刀具崩刃、碎裂而损坏。

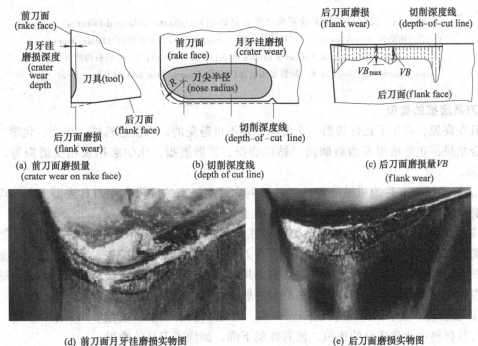

(a) 前刀面磨损量
(crater wear on rake face)

(b) 切削深度线
(depth of cut line)

(c) 后刀面磨损量 VB
(flank wear)

(d) 前刀面月牙洼磨损实物图
(perspective of crater wear on rake face)

(e) 后刀面磨损实物图
(perspective of flank wear)

图 3.22　刀具磨损（tool wear）

（1）正常磨损

刀具的正常磨损方式一般有下列三种。

① 后刀面磨损　由于刀-工（件）之间存在着强烈的摩擦，在后刀面上切削刃附近很快就磨出一段后角为零的小棱面，这种磨损形式称为后刀面磨损。在切削刃实际工作范围内，后刀面磨损是不均匀的，刀尖部分由于强度和散热条件差，磨损严重；切削刃靠近待加工表面部分，由于上道工序的加工硬化或毛坯表面的缺陷，磨损也比较严重。以 VB 表示磨损程度。

② 前刀面磨损　切削塑性材料，切削速度和切削厚度都较大时，因前刀面的摩擦大、温度高，在前刀面上主切削刃附近会磨出一段月牙洼形的凹坑。在磨损过程中，月牙洼逐渐变深、变宽，使刀刃强度逐渐下降。前刀面磨损量一般用月牙洼磨损深度 KT 表示。

③ 前、后刀面同时磨损　切削塑性材料、切削厚度中等时，常会出现前、后刀面同时磨损，在主切削刃靠近工件外皮处及副切削刃靠近刀尖处磨出较深沟纹。

(2) 破损（也称为非正常磨损）

刀具的破损主要指刀具的脆性破损（如崩刃、碎断、剥落、裂纹破损等）和塑性破损（如塑性流动等），如图 3.23 所示。主要是由于刀具材料选择不合理，刀具结构、制造工艺不合理，刀具几何参数不合理、切削用量选择不当，刀具刃磨或使用时操作不当等原因所致。

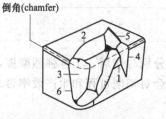
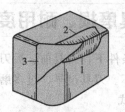

(a) 高速钢受热软化和塑性流动　　　　　(b) 陶瓷刀具脆裂或断裂
(high-speed steel tool thermal　　　　　(ceramic tool chipping
softening and plastic flow)　　　　　　　and fracture)

图 3.23　致命的刀具失效断裂（非正常磨损）（catastrophic tool failures）
1—后刀面磨损（flank wear）；2—月牙洼磨损（crater wear）；3—断裂面（failure face）；
4—初始沟槽或切深线（primary groove or depth-of-cut line）；5—外切屑沟槽
（outer metal chip notch）；6—断裂面周边塑性流动（plastic flow around failure face）

2. 刀具磨损的类型

刀具在高温、高压下进行切削，正常磨损是不可避免的，磨损是机械、热力、化学三种作用的综合结果。正常磨损有磨料磨损、黏结磨损、扩散磨损、化学磨损及相变磨损等，如图 3.24 所示。

① 磨料磨损　又称为机械磨损。工件材料中硬度极高的硬质点在刀具表面上划出沟纹而形成的磨损。磨料磨损是低速切削刀具磨损的主要原因。

② 黏结磨损　又称为冷焊磨损。切削塑性材料时，切削区存在着很大的压力和强烈的摩擦，切削温度也较高，在切屑、工件与前、后刀面之间的吸附膜被挤破，新形成的表面紧密接触，因而发生黏结（冷焊）现象，使刀具表面局部强度较低的微粒被切屑或工件带走，这样形成的磨损称为黏结（冷焊）磨损。黏结磨损一般在中等偏低的切削速度下较严重。

③ 扩散磨损　在切削高温作用下，刀-工、刀-屑的接触面上一些化学元素互相扩散，改变了原来刀具材料中化学成分的比值，使其性能下降，加快了刀具的磨损。

④ 化学磨损　又称为氧化磨损。在一定温度下，刀具材料与周围介质起化学作用，在刀具表面形成一层硬度较低的化合物而被切屑带走，或因刀具材料被某种介质腐蚀而造成。

⑤ 相变磨损　高速钢刀具切削时，当切削温度超过其相变温度（550～600℃）时，刀具材料的金相组织就会发生变化，由回火马氏体转变为奥氏体，使硬度降低，磨损加快，见

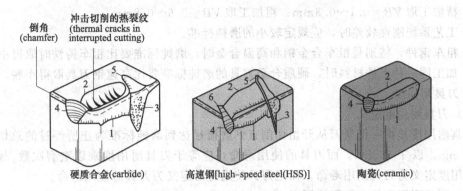

图 3.24 观测到的各种刀具磨损类型（types of wear observed on various types of cutting tools）

1—后刀面磨损（flank wear（wear land））；2—月牙洼磨损（crater wear）；3—初始沟槽或切深线
（primary groove or depth-of-cut-line）；4—氧化磨损（oxidation wear）；5—外围切屑
产生刻痕（outer metal chip notch）；6—内部切屑产生刻痕（inner chip notch）

图 3.24。

3. 刀具的磨损过程和磨钝标准

（1）刀具的磨损过程

在一定的切削条件下，刀具磨损将随着切削时间的延长而增加。刀具的磨损分三个阶段（图 3.25）。

① 初期磨损阶段 因刀具新刃磨的表面粗糙不平，开始切削时磨损较快。初期磨损量的大小，与刀具刃磨质量直接相关。一般经研磨过的刀具，初期磨损量较小。

② 正常磨损阶段 经初期磨损后，刀面上的粗糙表面已被磨平，磨损比较均匀缓慢。后刀面上的磨损量将随切削时间的延长近似地成正比增加，该阶段是刀具的有效工作阶段。

③ 急剧磨损阶段 当刀具磨损达到一定限度后，表面粗糙，摩擦加剧，切削力、切削温度猛增，磨损速度增加很快，往往产生振动、噪声等，致使刀具失去切削力。

（2）刀具的磨钝标准

刀具磨损到一定限度就不能继续使用，这个磨损限度称为磨钝标准。国际标准 ISO 规定以 1/2 背吃刀量处后刀面上测定的磨损带宽度 VB 值作为刀具磨钝标准。

自动化生产中的精加工刀具，常以沿工件径向的刀具磨损量作为刀具的磨钝标准，称为刀具径向磨损量 NB 值，如图 3.26 所示。

在实际生产中，常注意以下情形。

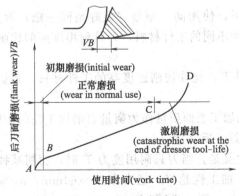

图 3.25 刀具磨损阶段
（stages of cutting tool wear）

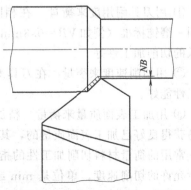

图 3.26 车刀的径向（法向）磨损量
（normal wear of turning tool）

① 精加工取 $VB=0.1\sim0.3$mm；粗加工取 $VB=0.6\sim0.8$mm。

② 工艺系统刚性较差时，应规定较小的磨钝标准。

③ 粗车钢件，特别是粗车合金钢和高温合金时，磨钝标准要比粗车铸铁时取得小些。

④ 加工同一种工件材料时，硬质合金刀具的磨钝标准要比高速钢刀具取得小些。

4. 刀具耐用度

（1）刀具耐用度定义

刀具耐用度是指一把新刀从开始切削直到磨损量达到磨钝标准为止所经过的总切削时间，单位为 min，以 T 来表示。而刀具的使用寿命，应等于刀具耐用度乘以重磨次数。新国标将刀具耐用度定义为刀具使用寿命，而把刀具使用寿命定义为刀具总使用寿命。

（2）刀具耐用度的主要影响因素

影响刀具耐用度的因素主要有以下几方面。

① 刀具材料　刀具材料抗弯强度和硬度愈高，耐磨性和耐热性愈好，耐用度愈高。

② 刀具的几何参数　前角 γ_o 增大，摩擦、切削力减小，切削温度降低，耐用度提高；前角太大，刀具强度低，散热差，耐用度会降低。主偏角 κ_r 和副偏角 κ_r' 减小、刀尖圆弧半径 r_ε 增大，刀刃工作长度增加，散热条件改善，切削温度降低，刀尖增强，耐用度提高。

③ 切削用量　切削用量对刀具耐用度影响较为明显，v_c 影响最大，f 次之，a_p 最小。

④ 工件材料的强度、硬度愈高，导热性愈差，则切削力愈大，切削温度愈高，故刀具磨损愈快，刀具耐用度就愈低。工件材质均匀度会对刀具破损（非正常磨损）带来很大影响。

（3）合理选择刀具耐用度

刀具耐用度对切削加工的生产率和生产成本有较大的影响。应该根据具体的切削条件和生产技术条件及经济性制订合理的刀具耐用度数值。确定刀具合理耐用度的方法有两种：最高生产率耐用度 T_p 和最低生产成本耐用度 T_c。一般 T_p 略低于 T_c。

第五节　合理切削条件的选择

1. 工件材料的切削加工性

（1）切削加工性及其衡量指标

材料的切削加工性是指在一定切削条件下，工件材料被切削加工的难易程度。

切削加工性是一个相对性概念。某材料被切削时，刀具的耐用度大，允许的切削速度高，表面质量易保证，切削力小，易断屑，则这种材料的切削加工性好；反之，切削加工性差。切削加工性可以用耐用度或切削速度来衡量。

① 用刀具耐用度来衡量　在相同的切削条件下，使用同一型号（最好是同一把）刀具，在同一磨钝标准（例如 $VB=0.3$mm）下，切削两种不同的工件材料，刀具耐用度高的比耐用度低的切削加工性好。

② 用切削速度来衡量　在刀具寿命相同的条件下，允许切削速度高的工件材料，其切削加工性能好。

③ 用加工表面质量来衡量　精加工时，常以已加工表面质量作为衡量切削加工性的指标，容易获得良好已加工表面质量的，其切削加工性就好，反之就差。

常用的衡量材料切削加工性的指标为 v_T，其含义是：当刀具耐用度为 T 时，切削某种材料所允许的切削速度，单位是 min 或 s。v_T 越高，加工性越好。通常取 $T=60$min，v_T 写作 v_{60}；对于一些难加工材料，可取 $T=30$min 或 15min，则 v_T 写作 v_{30} 或 v_{15}。

为统一标准起见，取正火状态下的 45 钢作基准材料，刀具寿命为 60min，这时的切削速度为基准，写作 $(v_{c60})_j$，而将其他材料的 (v_{c60}) 与其相比，这个比值 K_v 称为相对加工性，即 $K_v = v_{c60}/(v_{c60})_j$。

$K_v > 1$ 表明该材料比 45 钢更容易切削，$K_v < 1$ 表明该材料比 45 钢更难切削。

某种材料的 K_v 乘以 45 钢的切削速度就可获得该种材料的可用切削速度。

常用材料的切削加工性见表 3.1。

表 3.1 常用材料的切削加工性等级 K_v

加工性等级	名称及种类		相对加工性 K_v	代表性工件材料
1	很容易切削材料	一般有色金属	>3.0	5-5-5 铜铅合金,9-4 铝铜合金,铝镁合金
2	容易切削材料	易削钢	2.5～3.0	退火 15Cr $\sigma_b = 0.373～0.441$GPa 自动机钢 $\sigma_b = 0.392～0.490$GPa
3		较易削钢	1.6～2.5	正火 30 钢 $\sigma_b = 0.441～0.549$GPa
4	普通材料	一般钢及铸铁	1.0～1.6	45 钢,灰铸铁,结构钢
5		稍难切削材料	0.65～1.0	2Cr13 调质 $\sigma_b = 0.8288$GPa 85 钢轧制 $\sigma_b = 0.8829$GPa
6	难切削材料	较难切削材料	0.5～0.65	45Cr 调质 $\sigma_b = 1.03$GPa 60Mn 调质 $\sigma_b = 0.9319～0.981$GPa
7		难切削材料	0.15～0.5	50CrV 调质,1Cr18Ni9Ti 未淬火,α 相钛合金
8		很难切削材料	<0.15	β 相钛合金,镍基高温合金

（2）影响材料切削加工性的因素

① 材料的硬度和强度　工件材料的硬度和强度越高，则切削力越大，切削温度越高，刀具耐用度越低，切削加工性越差。

② 材料的塑性和韧性　塑性和韧性高的材料，刀具容易磨损，且切屑不易折断，因此切削加工性变差。材料的塑性及韧性过低，切削力和切削热集中在刀刃上，导致刀具切削刃破损加剧和工件已加工表面质量下降。过大或过小的塑性和韧性，都将使切削加工性能下降。

③ 材料的导热性　工件材料的导热性越差，刀具磨损越严重，切削加工性越差。

④ 材料的化学成分　钢中加入少量的硫、硒、铅、磷等元素后，能略微降低钢的强度，同时又能降低钢的塑性，故对钢的切削加工性有利。铸铁的化学成分对切削加工性的影响，主要取决于这些元素对碳的石墨化作用。在铸铁的化学成分中，凡能促进石墨化的元素，如硅、铝、镍、铜、钛等都能提高铸铁的切削加工性；反之，凡是阻碍石墨化的元素，如铬、钒、锰、钼、钴、磷、硫等都会降低切削加工性。

此外，金属材料的各种金相组织及采用不同的热处理方法，都会影响材料的性能，而形成不同的切削加工性。

铜、镁、铝等有色金属及其合金因硬度和强度较低，导热性能也好，属于易切削材料。而钛、钨、镍等有色金属及其合金则属于难加工材料。

（3）难加工材料的切削加工性的改善途径

① 合理选择刀具材料　根据工件材料的性能和加工要求，选择与之相适应的刀具材料。

② 适当选择热处理　采用热处理方法改变材料金相组织，达到改善切削加工性能的目的。

③ 适当调剂化学元素　调剂材料的化学成分也是改善其切削加工性的重要途径。

④ 采用新的切削加工方法　新的切削加工方法可有效地解决难加工材料的切削问题。

此外，还可通过选择加工性好的材料状态、选择合理的刀具几何参数、制订合理的切削用量、选用合适的切削液等措施来改善难加工材料的切削加工性。

2. 刀具几何参数选择

刀具几何参数包括刀具的几何角度、前刀面形式和切削刃口形式等参数。

（1）前角的选择

前角影响切削变形程度、切削温度和切削功率、切削刃强度及散热状况、加工表面的质量和切屑形态与断屑效果，前角的选择原则如下。

① 根据刀具材料选择　高速钢可选较大的前角；硬质合金应选用较小的前角（图 3.27）。

② 根据工件材料选择　加工塑性材料前角宜大，加工脆性材料前角宜小；材料强度和硬度越高，前角越小，甚至取负值（图 3.28）。

③ 根据加工要求选择　粗加工和断续切削应选用较小的前角；精加工选较大的前角。

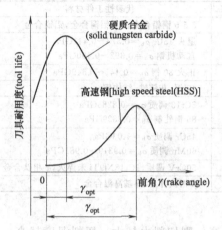

图 3.27　不同刀具材料的合理前角
（rational rake angle for different tool materials）

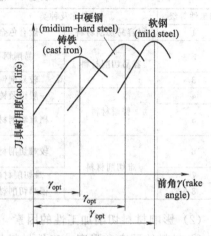

图 3.28　不同工件材料的合理前角
（rational rake angle for different job materials）

（2）前刀面及其选用

如图 3.29 所示，前刀面形式有以下四种。

① 正前角平面型 ［图 3.29（a）］　结构简单、刀刃锋利，刀尖强度低，传热能力差。多用于易切削钢、精加工刀具、成形刀具、多刃刀具。

② 正前角平面带倒棱型 ［图 3.29（b）］　在刃口上磨出很窄的负倒棱。增加刃口强度和刀具耐用度。适合于断续切削，承受冲击性载荷，或对有硬皮的铸锻件粗切。

③ 负前角单面型 ［图 3.29（c）］ 和负前角双面型 ［图 3.29（d）］　用于高强度、高硬度材料切削。主要用于强度很大的钢料（$\sigma_b = 0.8 \sim 1.2$GPa）或淬硬钢，特别是断续切削。

④ 正前角曲面带倒棱型 ［图 3.29（e）］　在前刀面上磨出卷屑槽或月牙槽。增大前角，并能卷屑。多用于粗加工或半精加工。

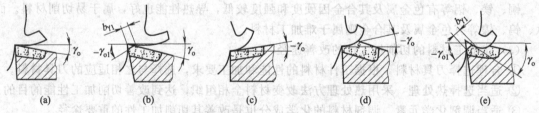

图 3.29　前刀面的不同形式（various forms of rake face）

（3）刃口形式的选取

参见图 2.6 及内容。

（4）后角的选择

后角的主要功用是减小后刀面与加工表面间的摩擦。后角的选择原则如下。

① 根据加工要求选择：精加工时，宜选择较大的后角；粗加工应选较小的后角。

② 根据工件材料选择：加工塑性材料时，选较大的后角；脆性材料选用较小的后角。

③ 工艺系统刚性较差，应选较小的后角；尺寸精度要求较高的刀具，宜较小后角。

（5）主偏角和副偏角的选择

减小主偏角和副偏角，可以减小已加工表面的残留面积高度，从而减小已加工表面粗糙度，副偏角对理论粗糙度影响更大（图 3.30）；增大主偏角，切削宽度减小，厚度增大，利于断屑；主偏角直接影响切削刃工作长度和单位长度切削刃上的切削负荷。增大主偏角和副偏角，刀尖强度降低，切削刃单位长度上的负荷增大，刀具耐用度下降；增大主偏角有利于减小工艺系统的弹性变形和振动。

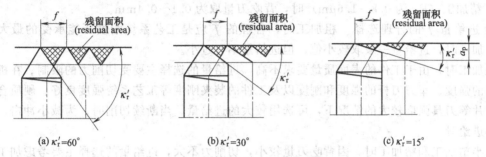

图 3.30　副偏角对工件表面残留面积的影响

(influences of end cutting edge angles on residual area on workpiece)

主偏角的选择如下。

① 根据加工工艺系统的刚性选择　系统刚性差时，为减小振动，选择较大的主偏角。

② 根据工件材料选择　加工很硬的材料，宜选择较小的主偏角。

③ 根据工件已加工表面形状选择　阶梯轴选副偏角为 92°；车外圆、端面和倒角选副偏角为 45°。

副偏角主要影响表面粗糙度和刀尖强度。不影响摩擦和振动时，尽可能选较小的副偏角。

（6）刃倾角的选择

刃倾角 λ_s 的大小和正负，直接影响切屑的卷曲和流出方向；影响刀尖强度及断续切削时切削刃上受冲击的位置，当 $\lambda_s=0°$ 时，冲击较大；当 $\lambda_s>0°$ 时，容易崩刃；当 $\lambda_s<0°$ 时，保护了刀尖，切削过程也比较平稳。刃倾角的绝对值越大，斜角切削刃工作长度越长；λ_s 由 0° 变化到 −45° 时，F_p 增大，将导致工件变形和振动。

刃倾角的选择原则如下。

① 根据加工要求选择　一般精加工时，选择 $\lambda_s=0°\sim+5°$；粗加工时，取 $\lambda_s=0°\sim-5°$；微量精车、精镗、精刨时，采用 $\lambda_s=45°\sim75°$ 的大刃倾角。

② 根据工件材料选择　车削高硬度、高强度材料时，取负刃倾角。车铸铁件取 $\lambda_s\geqslant0°$。

③ 根据加工条件选择　在产生冲击振动的切削条件下，如断续加工，常取负刃倾角。

④ 根据刀具材料选择　金刚石和立方氮化硼车刀，通常取 $\lambda_s=0°\sim-5°$。

3. 切削用量

合理的切削用量能充分发挥刀具和机床的性能，保证加工质量、高的生产率及低的加工成本。切削用量三要素中，切削速度 v_c 对刀具耐用度的影响最大，进给量 f 的影响次之，背吃刀量 a_p 影响最小。因此，从保证合理的刀具耐用度来考虑时，应首先采用尽可能大的背吃刀量 a_p；其次按工艺和技术条件的要求选择较大的进给量 f；最后根据合理的刀具耐用度，用计算法或查表法确定切削速度 v_c。

（1）切削用量的选择原则

① 根据零件加工余量和粗、精加工要求，选定背吃刀量 a_p。

② 根据加工工艺系统允许的切削力和机床进给系统要求，确定进给量 f。

③ 根据刀具寿命，确定切削速度 v_c。

④ 所选定的切削用量应该是机床功率允许的。

（2）切削用量的合理选择

① 背吃刀量 a_p 的合理选择　背吃刀量 a_p 一般是根据加工余量来确定。

粗加工（Ra 为 $12.5\sim50\mu m$）时，应尽量用一次走刀就切除全部加工余量。在中等功率机床上，背吃刀量可达 $8\sim10mm$。半精加工（Ra 为 $3.2\sim6.3\mu m$）时，背吃刀量取为 $0.5\sim2mm$。精加工（Ra 为 $0.8\sim1.6\mu m$）时，背吃刀量取为 $0.1\sim0.4mm$。

② 进给量 f 的合理选择　粗加工时，合理的 f 应是工艺系统刚度所能承受的最大进给量。精加工时，进给量一般取较小值，但进给量不宜过小。

粗加工时，由于工件的表面质量要求不高，进给量的选择主要受切削力的限制。在机床进给机构的强度、车刀刀杆的强度和刚度以及工件的装夹刚度等工艺系统强度良好、硬质合金或陶瓷刀片等刀具强度较大的情况下，可选用较大的进给量。当断续切削时，为减小冲击，要适当减小进给量。

在半精加工和精加工时，因背吃刀量较小，切削力不大，进给量的选择主要考虑加工质量和已加工表面粗糙度值，一般取值较小。

③ 切削速度 v_c 的合理选择　粗车时，v_c 宜取较小值，精车时 v_c 宜取较大值；工件材料强度、硬度较高时，应选较小的 v_c 值，反之，宜选较大的 v_c 值；材料加工性较差时，选较小的 v_c 值，反之，选较大的 v_c 值；刀具材料的性能越好，v_c 也选得越高。

为了避免或减小积屑瘤和鳞刺，提高表面质量，硬质合金车刀常采用较高的切削速度（一般在 $80\sim100m/min$ 以上），高速钢车刀则采用较低的切削速度（如宽刃精车刀采用 $3\sim8m/min$）。

总之，选择切削用量时，可参照有关手册的推荐数据查表选取，也可凭经验来确定。

4. 切削液及其选用

在切削加工中，合理使用金属切削液，可以减少切削力及刀具与工件之间的摩擦，及时带走切削区内产生的热量以降低切削温度，减少刀具磨损，提高刀具耐用度，同时能减小工件热变形，抑制积屑瘤和鳞刺的生长，从而提高生产效率，改善工件表面粗糙度，保证工件加工精度，达到最佳经济效果。因此，了解切削液的功用、合理选用切削液对实际生产具有重要的意义。

（1）切削液的功用

切削液的基本要求是具有良好的润滑和冷却效果，有良好的流动性和防锈作用，能够清洗碎屑或磨屑粉体等并容易循环使用，此外要求成本低、无毒、无味，有良好的化学稳定性以及不能影响人身健康。

① 冷却作用　切削液是以热传导、对流和汽化等方式，把切屑、工件和刀具上的热量带走，降低了切削温度，起到了冷却作用，减小了工艺系统的热变形，减少了刀具磨损。特别是切削速度高（磨削加工）、刀具、工件材料导热性差、热膨胀系数较大的情况下，切削液的冷却效果尤为关键。

切削液冷却性能的好坏取决于热导率、比热容、汽化热、汽化速度、流量和流速等。

② 润滑作用　切削液中带油脂的极性分子吸附在刀具的前、后刀面上，形成物理性吸附膜或化学吸附膜，减小刀-屑、刀-工摩擦或黏结，从源头降低发热量，达到提高刀具寿命和加工表面质量的目的。

③ 清洗作用　切削液可以冲走切削区域和机床上的细碎切屑、脱落的磨粒和油污，防止划伤已加工表面和导轨，使刀具或砂轮的切削刃口保持锋利，不致影响切削效果。

④ 防锈作用　添加的防锈剂在金属表面吸附或化合形成保护膜，起到防锈作用。

⑤ 降噪作用　客观上可减少并隔离加工中的刺耳的摩擦声或尖叫声。

（2）切削液的种类

切削液种类繁多，见图3.31，其中最常用的是：水溶液、乳化液和切削油。

① 水溶液　水溶液是以水为主要成分的切削液，其冷却效果最好。在水中加入一定含量的油性、防锈等添加剂制成水溶液，可改善水的润滑、防锈性能。水溶液是一种透明液体，便于加工观察。

② 乳化液　乳化液是由矿物油、乳化剂及其他添加剂配制而成，用95%～98%的水稀释后即成为乳白色或半透明状的乳化液，为了提高其防锈和润滑性能，再加入一定含量添加剂。水溶性切削液有良好的冷却性能和清洗作用，还有一定的防锈与润滑作用。

③ 离子型切削液　是水溶性切削液中的一种新型切削液，其母液是由阴离子型、非离子型表面活性剂和无机盐配制而成。它在水溶液中能离解成各种强度的离子。切削时，由于强烈摩擦所产生的静电荷，可由这些离子迅速消除，从而降低切削温度，提高刀具耐用度。

④ 切削油　是由各种矿物油（如机械油、轻柴油、煤油等）、动植物油（如豆油、猪油等）和油性、极压添加剂配制而成的混合油，不含水。它主要起润滑作用。适用于精加工和加工复杂形状工件（如成形面、齿轮、螺纹等）时，润滑和防锈效果较好。

⑤ 固体润滑剂　在攻螺纹时，常在刀具或工件上涂上一些膏状或固体润滑剂。膏状润滑剂主要是含极压添加剂的润滑脂。固体润滑剂主要是二硫化钼蜡笔、石墨、硬脂酸皂、蜡等。用二硫化钼蜡笔涂在砂轮、砂盘、带、丝锥、锯带或圆锯片上，能起到润滑作用并降低工件表面的粗糙度，延长砂轮和刀具的使用寿命，减少毛刺或金属的熔焊。

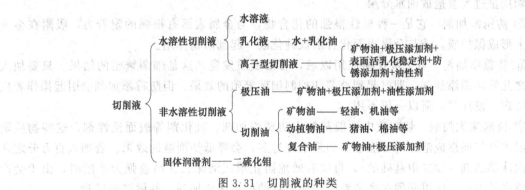

图3.31　切削液的种类

（3）切削液中的添加剂

为改善切削液的性能而加入的某些化学物质，称为切削液的添加剂。常用的添加剂有油性添加剂、极压添加剂和乳化剂，特殊场合还需防锈添加剂、防霉添加剂、抗泡沫添加剂等，如表3.2所示。

表3.2　切削液中的添加剂

分　类		添　加　剂
油性添加剂		动植物油,脂肪酸及其皂,脂肪醇,酯类、酮类、胺类等化合物
极压添加剂		硫、磷、氯、碘等有机化合物,如氯化石蜡、二烷基二硫代磷酸锌等
防锈添加剂	水溶性	亚硝酸钠、磷酸三钠、磷酸氢二钠、苯甲酸钠、苯甲酸胺、三乙醇胺等
	非水溶性	石油磺酸钡、石油磺酸钠、环烷酸锌等

续表

分　类		添　加　剂
防霉添加剂		苯酚、五氯酚、硫柳汞等化合物
抗泡沫添加剂		二甲基硅油
助溶添加剂		乙醇、正丁醇、苯二甲酸酯等
乳化剂（表面活性剂）	阴离子型	石油磺酸钠、油酸钠皂、松香酸钠皂、高碳酸钠皂、磺化蓖麻油、油酸三乙醇胺等
	非离子型	平平加（聚氧乙烯脂肪醇醚）、司盘（山梨糖醇脂肪酸酯）、吐温（聚氧乙烯山梨糖醇脂肪酸酯）
乳化稳定剂		乙二醇、乙醇、正丁醇、二乙二醇单正丁基醚、二甘醇、高碳醇、苯乙醇胺、三乙醇胺

① 油性添加剂　油性添加剂主要应用于低压低温边界润滑状态，它在金属切削过程中主要起渗透和润滑作用，降低油与金属的界面张力，使切削油很快渗透到切削区，在一定的切削温度作用下进一步形成物理吸附膜，减小前刀面与切屑、后刀面与工件之间的摩擦。主要起润滑作用，常用于低速精加工。常用的油性添加剂有动物油、植物油、脂肪酸、胺类、醇类和脂类等。

② 极压添加剂　在极压润滑状态下，切削液中必须添加极压添加剂来维持润滑膜强度。常用的极压添加剂是含硫、磷、氯、碘等的有机化合物，这些有机化合物在高温下与金属表面起化学反应，生成化学吸附膜，它比物理吸附膜的熔点高得多，可防止极压润滑状态下金属摩擦界面直接接触，减小摩擦，保持润滑作用。

③ 表面活性剂　它是使矿物油和水乳化而形成稳定乳化液的添加剂。它能吸附在油水界面上形成坚固的吸附膜，使油很均匀地分散在水中，形成稳定的乳化液。

④ 乳化稳定剂　乳化液中加入稳定剂的作用有两个：一是使乳化油中的皂类借稳定剂的加溶作用与其他添加剂充分互溶，以改善乳化油、乳化液的稳定性；二是扩大表面活性剂的乳化范围，提高稳定性。但是，在使用乳化稳定剂低分子醇时，应特别注意，因它同时又是破乳剂，如用量过大会造成油水分层。

⑤ 防锈添加剂　它是一种极性很强的化合物，与金属表面有很强的附着力，吸附在金属表面上形成保护膜，或与金属表面化合形成钝化膜，起到防锈作用。

⑥ 防霉添加剂　乳化液长期使用以后，容易变质发臭，这是细菌繁殖的结果。只要加入万分之几的防霉添加剂，即可起到杀菌和抑制细菌繁殖的效果。但防霉添加剂会引起操作者皮肤起红斑、发痒等，所以一般不用。

⑦ 抗泡沫添加剂　切削液中一般都加入防锈添加剂、乳化剂等表面活性剂，这些物质增加了混入空气而形成泡沫的可能性。如果泡沫过多，会降低切削液的效果。若加入百万分之几的抗泡沫添加剂（如二甲基硅油），可以有效地防止形成泡沫。在高速强力磨削时，由于会产生比较多的泡沫，所以必须在磨削液中添加适量的抗泡沫添加剂，并做消泡试验。

（4）切削液的选用和使用

① 切削液的选用　切削液应根据工件材料、刀具材料、加工方法和加工精度等条件，同时综合考虑安全性、废液处理、环保等限制进行选用。

从加工要求方面考虑，粗加工时，应选用以冷却为主的切削液；精加工时，应选用润滑性能好的切削液。高速钢刀具耐热性差，切削时必须使用切削液；硬质合金、陶瓷刀具耐热性好，一般不用切削液。在较低速切削时，刀具以机械磨损为主，宜选用以润滑性能为主的切削油；在较高速度切削时，刀具主要是热磨损，要求切削液有良好的冷却性能，宜选用离子型切削液和乳化液。

从加工材料考虑，在切削普通结构钢等塑性材料时，要采用切削液，而在加工铸铁等脆性材料时，可以不用切削液。切削材料中含有铬、镍、钼、锰、钛、钒、铝、铌、钨等元素时，往往就难于切削加工，对切削液的冷却、润滑作用都有较高的要求，此时应尽可能采用极压切削油或极压乳化液。加工铜、铝及其合金不能用含硫的切削液。精加工铜及其合金、铝及其合金或铸铁时，主要是要求达到较小的表面粗糙度，可选用离子型切削液或 10％～12％乳化液。

从加工方法考虑，磨削时常用冷却和清洗性能较好的普通乳化液和水溶液。铰削、拉削、螺纹加工、剃齿等工序的加工刀具与已加工表面摩擦严重，应选用润滑性能好的极压切削油或高浓度的极压乳化液。在精密机床上加工工件时不宜使用含硫的切削液。

② 切削液的使用方法

a. 浇注或直接喷射法。切削液流量应充足，浇注位置应尽量接近切削区，如图 3.32 所示。

b. 刀具内喷法。对于发热大容易磨削烧伤的情形或深孔钻削，采用内喷冷却效果更好。如图 3.33 为内喷砂轮，图 3.34（a）为内喷麻花钻，图 3.34（b）为直柄内喷深孔钻。

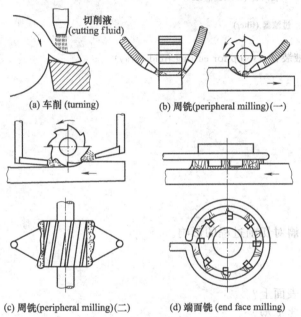

(a) 车削 (turning)

(b) 周铣(peripheral milling)(一)

(c) 周铣(peripheral milling)(二)

(d) 端面铣 (end face milling)

图 3.32 切削液的浇注方法

（supplying methods for cutting fluid）

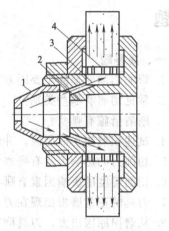

图 3.33 内部冷却砂轮结构

（internal cooling wheel structure）

1—锥形盖（tapped cover）；2—冷却液通孔（coolant hole）；3—砂轮中心腔（wheel cavity）；

4—带径向小孔的薄壁套（thin sleeve with radial hole）

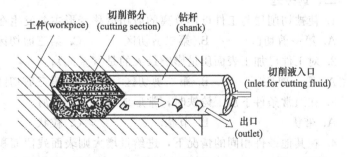

(a) 内喷麻花钻(twist drill with internal fluid spray)

(b) 直柄内喷深孔钻(枪钻)(deep-hole drill of straight shank with inner cutting fluid spray)

图 3.34 切削液内喷钻头 （drills with internal cutting fluid spray）

c. 喷雾冷却法。图 3.35 所示的喷雾冷却装置是利用入口压力为 0.3～0.6MPa 的压缩空气使切削液雾化,并高速喷向切削区,当微小的液滴碰到灼热的刀具、切屑时,便很快汽化,带走大量的热量,从而能有效地降低切削温度。喷离喷嘴的雾状液滴因压力减小,体积骤然膨胀,温度有所下降,从而进一步提高了它的冷却作用。这种方法叫喷雾冷却法。

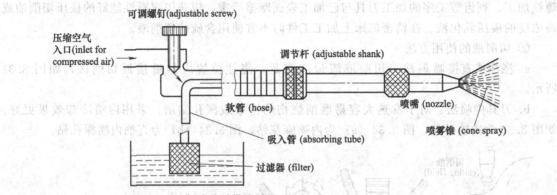

图 3.35 切削液喷雾供液装置 (setup for cutting fluid spray)

习题

一、简答题

1. 影响切削变形的主要因素有哪些?

2. 常见切屑有哪些类别?

3. 断屑措施有哪些?

4. 试述积屑瘤形成原因,并说明积屑瘤对切削过程的影响。

5. 切削力的影响因素有哪些?

6. 切削温度的影响因素有哪些?

7. 刀具的正常磨损出现在刀具的哪些表面上?

8. 从磨损原因出发,刀具磨损分为哪些类型?

9. 刀具磨损过程分为哪三个阶段?

10. 刀具耐用度是如何定义的? 影响刀具耐用度有哪些因素?

11. 图解说明主偏角和副偏角如何影响加工表面的粗糙度?

12. 切削液的供给施加方法有哪些?

二、选择题

1. 使被切削层与工件母体分离的剪切滑移变形主要发生在 (　　)。

A. 第一剪切区　　　B. 第二剪切区　　　C. 第三剪切区　　　D. 刀-屑接触区

2. 对工件已加工表面质量影响最大的是 (　　)。

A. 第一剪切区　　　B. 第二剪切区　　　C. 第三剪切区　　　D. 刀-屑接触区

3. 在通常条件下加工铸铁时,常形成 (　　) 切屑。

A. 带状　　　　　　B. 节状　　　　　　C. 粒状　　　　　　D. 崩碎

4. 在其他条件相同的情况下,进给量增大则表面残留面积高度 (　　)。

A. 随之增大　　　　B. 随之减小　　　　C. 基本不变　　　　D. 先小后大

5. (　　) 可以显著降低表面残留面积高度。

A. 增大副偏角　　　B. 减小副偏角　　　C. 增大前角　　　　D. 减小前角

6. 外圆车削时的径向切削力又称为（　　）。

A. 总切削力　　　　B. 切削力　　　　C. 背向力　　　　D. 进给力

7. 在切削过程中消耗功率最多的是（　　）。

A. 切向力　　　　B. 背向力　　　　C. 进给力　　　　D. 径向力

8. 在下面的因素中对切削力影响最大的因素是（　　）。

A. 切削速度　　　　B. 切削厚度　　　　C. 背吃刀量　　　　D. 进给量

9. 在一般情况下，前角增大则切削力会（　　）。

A. 随之增大　　　　B. 随之减小　　　　C. 基本不变　　　　D. 变化不定

10. 在下列因素中对切削温度影响最大的因素是（　　）。

A. 切削速度　　　　B. 切削厚度　　　　C. 背吃刀量　　　　D. 进给量

11. （　　）阶段刀具磨损的速率最慢。

A. 初期磨损　　　　B. 正常磨损　　　　C. 剧烈磨损　　　　D. 因刀而定

12. 在下列因素中对刀具耐用度影响最大的因素是（　　）。

A. 切削速度　　　　B. 切削厚度　　　　C. 背吃刀量　　　　D. 进给量

13. 回转刀具切削刃上各点的（　　）不同，因而刀刃上各点的切削速度也就不同。

A. 长度　　　　B. 转速　　　　C. 旋转半径　　　　D. 角速度

14. 沿过渡表面测量的切削层尺寸称为（　　）。

A. 切削深度　　　　B. 切削宽度　　　　C. 切削厚度　　　　D. 进给量

15. 当用较高的切削速度、较薄的切削厚度、较大的刀具前角车削塑性金属材料时，会形成（　　）切屑。

A. 节状　　　　B. 带状　　　　C. 粒状　　　　D. 崩碎

16. 形成崩碎切屑时，切削过程不稳定，容易引起刀具的磨损和破损，且不易获得高的（　　）。

A. 尺寸精度　　　　B. 位置精度　　　　C. 表面质量　　　　D. 形状精度

17. 在采用（　　）速度车削塑性较大的金属材料时，常常会在切削刃上黏附一个楔形硬块，称为积屑瘤。

A. 中、低　　　　B. 高、低　　　　C. 高、中　　　　D. 极低

18. 积屑瘤虽会增大已加工表面的粗糙度，但积屑瘤对刀刃有保护作用，并使刀具的实际工作前角（　　）。

A. 减小　　　　B. 增大　　　　C. 不变　　　　D. 不稳定

19. 生产中采用的主要断屑措施是在车刀上刃磨出（　　）或设置断屑台。

A. 断屑槽　　　　B. 负倒棱　　　　C. 过渡刃　　　　D. 月牙洼

20. 切削强度、硬度相近的脆性材料的切削力比切削塑性材料的（　　）。

A. 大　　　　B. 小　　　　C. 差不多　　　　D. 一样大

21. 主偏角增大时，径向力（　　）。

A. 增大　　　　B. 等于零　　　　C. 不变　　　　D. 减小

22. 刀具磨损后，后刀面形成后角为（　　）的棱面，摩擦加剧，温度上升。

A. 正　　　　B. 负　　　　C. 零　　　　D. 不规则

23. 易获得较好表面质量的材料，其切削加工性（　　）。

A. 差　　　　B. 好　　　　C. 一般　　　　D. 无法确定

24. 在碳素钢中，加工性能最好的是（　　）。

A. 高碳钢　　　　B. 中碳钢　　　　C. 低碳钢　　　　D. 不锈钢

25. 当钢中含有（　　）等易切削、起润滑作用的元素时，可提高钢的切削性能。

A. 硫、磷　　　　　B. 钛、钴　　　　　C. 铬、镍　　　　　D. 氢、硫

26. 在实际生产中，应当避免刀具发生（　　）。

A. 初期磨损　　　B. 急剧磨损　　　C. 正常磨损　　　D. 热电磨损

27. 破损也是刀具失效的主要原因，破损率从高到低的刀具材料依次是（　　）。

A. 硬质合金、陶瓷和高速钢　　　　　　　B. 陶瓷、硬质合金和高速钢

C. 高速钢、陶瓷和硬质合金　　　　　　　D. 硬质合金、高速钢和陶瓷

28. 为了防止车刀的崩刃，可采取的措施之一是（　　）。

A. 磨负倒棱　　　B. 增大前角　　　C. 增大后角　　　D. 减小刃倾角

29. 工件材料的 K_v 值越大，则其切削加工性（　　）。

A. 越好　　　　　B. 越差　　　　　C. 不定　　　　　D. 无关

30. 下列四种切削液，润滑性能最好的是（　　）。

A. 乳化液　　　B. 极压乳化液　　　C. 水溶液　　　D. 矿物油

31. 下列四种切削液，冷却性能最好的是（　　）。

A. 乳化液　　　B. 极压乳化液　　　C. 水溶液　　　D. 矿物油

32. 精车细长轴时选用的切削用量与粗车相比较，应该是（　　）。

A. 小 f、小 a_p、小 v_c　　　　　　　B. 大 f、大 a_p、大 v_c

C. 小 f、小 a_p、大 v_c　　　　　　　D. 大 f、大 a_p、小 v_c

33. 在工艺系统刚性不足的情况下，为减小径向力，应取（　　）主偏角。

A、较大的　　　B. 较小的　　　C. 0°的　　　D. 负值的

三、填空题

1. 第一剪切区的本质特征是＿＿＿＿＿＿＿＿＿变形。

2. 第二剪切区的本质特征是＿＿＿＿＿＿＿＿＿变形。

3. 切削速度越＿＿＿＿＿＿＿，越容易形成带状切屑。

4. 积屑瘤的存在使刀具的实际切削前角＿＿＿＿＿＿＿＿＿。

5. 由于切削变形而使得工件已加工表面硬度提高的现象，称为＿＿＿＿＿＿＿。

6. 当表面残余应力为＿＿＿＿＿＿应力时，可有利于提高零件的抗疲劳强度。

7. 月牙洼磨损发生在＿＿＿＿＿＿＿＿刀面上。

8. 衡量刀具后刀面磨损程度的常用指标是＿＿＿＿＿＿＿＿。

9. 刀具磨损三个阶段中，＿＿＿＿＿＿＿＿阶段的持续时间最长。

10. 通常情况，切削速度提高时，刀具耐用度会随之＿＿＿＿＿＿＿＿。

11. 材料的塑性变形越大，则发热会＿＿＿＿＿＿＿。

12. 一般的有色金属的切削加工性都是比较＿＿＿＿＿＿＿。

13. 切削液的主要作用是＿＿＿＿＿、冷却，此外还有清洗、防锈、降噪等作用。

14. 前角的选择原则是：在刀刃强度足够的前提下，尽量选用＿＿＿＿的前角。

15. 后角的主要功用是减小切削过程中刀具＿＿＿刀面与工件＿＿＿表面间的摩擦。

16. 主偏角的选择原则是：在保证不产生振动的前提下，尽量使主偏角＿＿＿＿＿。

17. 当刃倾角 $\lambda_s < 0$° 时，切屑流向＿＿＿＿表面，适用于＿＿＿＿加工。

四、判断题

1. 积屑瘤的存在对切削过程总是有害的，所以要尽力消除它。　　　　　　（　　　）

2. 切削振动只会影响切削过程平稳性，而不会影响已加工表面质量。　　　（　　　）

3. 刀具总切削力与工件切削抗力大小相等、方向相反。　　　　　　　　　（　　　）

4. 进给力就是指进给方向上的切削分力。 （ ）

5. 切削用量三要素中任一要素增大，切削温度都会随之升高。 （ ）

6. 粗加工时，刀具磨损限度可以定得大些。 （ ）

7. 车削铸铁、黄铜等脆性材料时往往形成不规则的细小的颗粒状崩碎切屑，主要是因为材料的塑性小，抗拉强度小。 （ ）

8. 刀具磨损后，刀刃变钝，后刀面上的摩擦也加剧，因而切削力增大。 （ ）

9. 刀具磨损的形式有前、后刀面同时磨损、后刀面磨损和前刀面磨损三种形式。 （ ）

10. 加工塑性材料时，应取较大的前角；加工脆性材料时，应取较小的前角。 （ ）

11. 工件材料的强度、硬度高时，切削力大，温度高，为保证刀具必要的强度，应取较小的前角甚至负前角。 （ ）

12. 进给量一定时，增大主偏角可使切削厚度增加，切削宽度减小，利于断屑。 （ ）

13. 减小车刀的副偏角可使已加工面的粗糙度值减小。 （ ）

14. 刃倾角影响切屑流出的方向，当刃倾角大于0°时，切屑流向已加工表面。 （ ）

15. 具有刃倾角的刀具切削时，切削刃逐渐切入工件并逐渐切出工件，在切入和切出过程中，切削力变化缓慢，冲击小，切削过程较平稳。 （ ）

16. 粗加工车刀，可取刃倾角小于0°，以使刀具具有较高的强度和较好的散热条件，并使车刀在切入工件时，刀尖免受冲击。 （ ）

17. 断续车削、工件表面不规则，冲击力大时应取正的刃倾角。 （ ）

18. 负倒棱的主要作用是增强刀刃强度，改善刃部散热条件，避免崩刃，延长车刀的寿命。 （ ）

19. 在车孔时，如果车刀安装得高于工件中心，其工作前角增大，工件后角减小。 （ ）

20. 所用的液体中，水的散热效果最好。 （ ）

21. 自来水具有很好的冷却作用，所以常将天然水直接作为切削液用于切削加工中。 （ ）

22. 切削液防锈作用的好坏，除取决于切削液本身的性能外，通过在切削液中加入防锈添加剂，可使金属表面形成保护膜，避免受到水分、空气等介质的腐蚀，从而提高切削液的防锈能力。 （ ）

23. 精加工时，使用切削液的主要目的是降低切削温度，以提高尺寸精度。 （ ）

24. 切削液的使用方法有浇注法、高压内喷法和喷雾冷却法等。 （ ）

第四章
磨削加工

磨削是指用砂轮或砂带作为切削工具、以较高线速度对工件表面进行加工的方法。使用的磨具主要分为两大类：①固结磨具：砂轮、油石、磨头、砂瓦；②涂覆磨具：砂带、砂布、砂纸等。在所有的机械加工应用中，磨削加工占比约25%。

磨削常常用于以下加工场合：工具钢、模具钢或淬火钢等硬质材料；精度要求在 $0.3\sim0.5\mu m$ 量级水平的精密加工；光滑表面的低粗糙度要求。

第一节　磨削原理基本知识

1. 磨削运动

① 主运动速度 v_c　砂轮/砂带的旋转运动是主运动，砂轮/砂带外圆的线速度即主运动速度。

$$v_c = \pi d_g n_g / (1000 \times 60) \quad (\text{m/s})$$

式中　d_g——砂轮直径，mm；

　　　n_g——砂轮转速，r/min。

砂轮转速越高，单位时间内通过被磨表面的磨粒数越多，表面粗糙度值就越小。

② 法向进给运动速度 f_n（或 f_r，也称吃刀运动速度、切深运动速度）　指工作台每双（单）行程内工件相对于砂轮法向移动的距离，单位为 mm/dstr。通常取 $f_n = 0.005\sim0.02$mm/dstr。

③ 轴向进给运动速度 f_a　指工件每一转或工作台每一次行程，工件相对砂轮的轴向移动的距离。一般情况下

$$f_a = (0.2\sim0.8)B$$

式中　B——砂轮宽度，mm；

　　　f_a——轴向进给运动速度，mm/r（内外圆磨削）或 mm/str（平面磨削）。

砂轮的轴向进给量小于砂轮的宽度时，工件表面将被重叠切削，而被磨次数越多，工件表面粗糙度值就越小。

④ 工件圆周进给运动速度 v_w　即工件外圆回转的线速度或直线移动的线速度。

$$v_w = \pi d_w n_w / (1000 \times 60) \quad (\text{m/s})$$

式中　d_w——工件直径，mm；

　　　n_w——工件转速，r/min。

工件圆周进给运动速度对表面粗糙度值的影响刚好与砂轮转速的影响相反。工件的转速增

大，通过加工表面的磨粒数减少，因此表面粗糙度值增大。

2. 磨削变形过程

如图4.1所示，磨削中磨粒充当刀具，按照其形状和颗粒结构在去除材料时多数磨粒呈现负前角，造成磨屑塑性变形很大，与前刀面摩擦、挤压也大，故磨削加工发热多。同切削加工变形过程一样存在三个剪切区，只是第一剪切区因负前角使得磨屑对第一剪切区产生压缩效应，剪切角也很小，不易发生剪切滑移。第二剪切区主要是磨屑与磨粒"前刀面"的强烈摩擦为主，温度高。工件材料易于熔化和扩散。第三剪切区存在剪切滑移，还有磨粒底部对工件的挤压和剪切，变形区扩展到表面以下的工件内部。

三个剪切区都承受较大的压应力，磨粒经过后又会因高温从压应力转变成拉应力，材料的变形呈现三维状态，即磨粒运动的前方上推材料、左右形成隆起和底部滑擦，产生的热量都大于切削加工，故磨削加工比切削加工的温度高得多，尽管采用冷却为主的水溶液或乳化液，加工中仍有大量的磨削火花出现。

图4.1 单颗磨粒剪切区的概念 （the concept of shear zones applied to an abrasive grain）

3. 磨屑的形成与磨削阶段

（1）磨屑的形成

如图4.2所示，磨削加工中，材料的变形分为三个阶段：滑擦、刻划和切削。

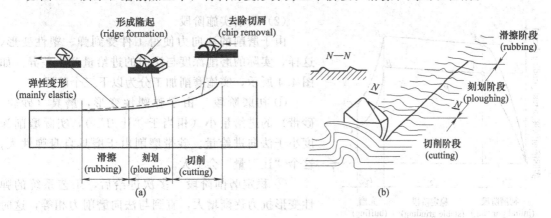

图4.2 磨削加工材料变形的三个阶段：滑擦、刻划和切削

（rubbing，ploughing，and cutting regimes of deformation in abrasive machining）

滑擦阶段的材料去除不明显，是抛光、润滑良好无切深的精磨的典型特征。磨粒的磨削力很小，不足以切入工件，主要是弹、塑性变形，抛光进程缓慢。

随着法向力的加大，磨粒切入加深就产生刻划，划痕明显，划痕两侧有隆起产生，塑性变形为主。此时的材料去除率很小。

磨粒继续切入工件，切削厚度不断增大。受到挤压的金属超过临界值时产生剪切滑移而形成切屑，本阶段以切削为主。

磨削加工对于塑性材料和脆性材料的材料去除机理差别较大：如图4.3所示，陶瓷、玻璃等脆性材料的材料去除是细微脆裂与准塑性切削综合作用的结果。准塑性切削机理就是图4.3（a）所示的塑性模态磨削，其表面磨出沟槽的外观相对光滑。只要磨削参数选择适当，陶瓷、玻璃等脆性材料的去除将以塑性模态占主导。另一方面，图4.3（b）所示的脆性模态磨削会导致表面裂纹和碎屑。显然，塑性模态磨削无裂纹并能保持材料的整体结构和强度，因而更受青睐。

图4.3所示两种模态磨粒正下方都有塑性变形区，而脆性模态磨削里，脆性材料在磨粒的挤压、滑擦过程中会产生两种细微裂纹，即径向的中间裂纹和侧边裂纹。中间裂纹的残留会影响材料强度，随着侧边裂纹的扩展和磨粒的滑擦、挤压，可能产生整块材料的脱落，即磨屑尺寸可能大于磨粒本身。故脆性材料不易磨出光滑表面，例如陶瓷、铸铁。

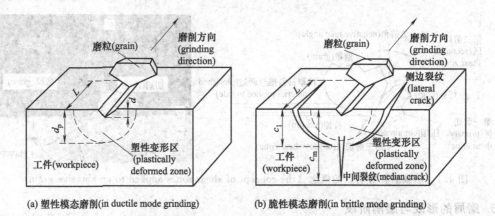

(a) 塑性模态磨削(in ductile mode grinding)　　(b) 脆性模态磨削(in brittle mode grinding)

图4.3　磨粒从脆性工件去除材料（an abrasive grain depicts removing material from a brittle workpiece）

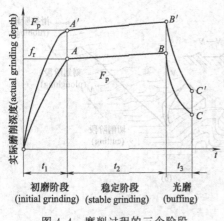

图4.4　磨削过程的三个阶段
(three stages in grinding processing)

（2）磨削实施阶段

由于磨削的法向力使得工件受到弹、塑性变形，这样，实际的磨削深度与法向的进给量产生差异。如图4.4所示，实施磨削加工分为以下三个阶段。

① 初磨阶段　由于弹塑性变形，磨具（砂轮、砂带）的进给量小（相当于"让刀"），实际磨削深度小于法向进给量。砂带磨削由于磨具自身弹性大，这个"让刀量"会更大。

② 稳定磨削阶段　多次进给后，工艺系统的弹性变形抗力逐渐增大，直到与法向磨削力相等，这时的实际磨削深度与操作进给的理论值相等，进入稳定磨削阶段。

③ 光磨阶段　当磨削余量加工完毕，停止径向进给。由于工艺系统及工件表面的弹性恢复，实际的法向进给量并不为零，而是逐步减小。在无切入的情况下，砂轮多次纵向进给，这样磨削深度逐渐趋向于零，即磨削火花最终消失。光磨过程对提高表面尺寸、形状精度、改善表面质量、降低粗糙度十分有益。

应合理地利用好这三个阶段来实施磨削工艺，做到兼顾效率和加工质量的统一。要提高生产率，应缩短初磨阶段和稳定磨削阶段。要提高表面质量必须保持适当的光磨进给次数和光磨时间。

4. 磨削力与磨削功率

磨削时的切削力同车削一样，也可以分解为三个互相垂直的分力，即接触处的法向力 F_n、轴向力 F_a 和切向力 F_t，如图 4.5 所示，每个分力的大小、作用和特征是不一样的。

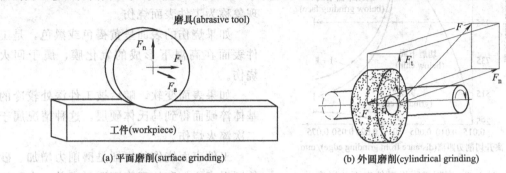

图 4.5　磨削中的三个分力（the three component forces in grinding）

① 切向力 F_t　与砂轮表面相切，切点处的磨削速度最大，磨削削耗的功率也最大，因

$$P = F_t v_s$$

式中　v_s——磨削速度；

　　　P——磨削消耗功率。

② 法向力 F_n　法向力垂直于磨具表面，法向力远大于切向力，其大小影响工艺系统的变形程度 δ，即

$$\delta = F_n / K_m$$

式中　K_m——工艺系统综合刚度。

法向力的大小取决于磨具表面磨粒的锋利程度及工件硬度。

③ 轴向力 F_a　磨具与工件有轴向进给时，磨具的侧向力。进给加快，这个轴向力增大，过大时，会影响磨具和操作者的安全。

总磨削力是各个分力的矢量和，即

$$F = (F_t^2 + F_n^2 + F_a^2)^{1/2}$$

常见材料加工的磨削分力的比值见表 4.1。

表 4.1　磨削分力的比值

工件材料	普通钢	淬火钢	铸钢
F_n/F_t	1.6～1.9	1.9～2.6	2.7～3.2
F_a/F_t	0.1～0.2		

5. 磨削热与磨削烧伤

磨削加工的磨削速度高，磨粒切刃很钝，负前角绝对值大，磨屑形成塑性变形大，磨粒与工件的摩擦大等因素造成磨削加工发热量多，消耗功率大。所以磨削加工区容易形成高温，如图 4.6 所示。

单颗磨粒的切削温度常常达到了金属的熔点。试验研究指出：对于每一种金属材料，其磨屑形成的温度是一个常数，碳钢是 1500℃，钛合金是 1650℃，如此高温的磨屑，当飞出磨削区后，往往在空气中强烈燃烧或氧化而迸发火花。

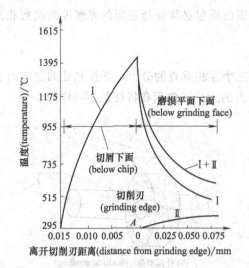

图 4.6　磨削刃附近工件表面的温度

（surface temperature on job near grinding edge）

Ⅰ—由于切屑形成及刻划引起的温度变化

（temperature change from chip forming and ploughing）；

Ⅱ—滑擦引起的温度变化（temperature change from rubbing）；

Ⅰ＋Ⅱ—两者叠加（plused）

磨削温度对工件表面的影响表现在以下几方面。

① 工件表面烧伤　由于磨削时产生高温，使工件加工表面的金属组织发生相变，其硬度和塑性等发生变化，这种表层变质的现象称为工件表面烧伤。

如果烧伤的表面呈黄褐色或黑色，是工件表面在高温下形成的氧化膜，属于回火烧伤。

如果表面变软，随后被工件深处较冷的基体淬硬而得到马氏体硬层，这种情况属于二次淬火烧伤。

工件表面烧伤的表征是磨削力增加、砂轮磨损率增加和加工表面质量变差。表面烧伤损坏了零件表层组织，影响零件的质量和寿命。

② 加工表面的残余应力　磨削工况在低的工件速度、硬而钝的砂轮、干磨或用水溶性乳化液磨削、高的切入进给率和高的砂轮表面速度下，容易导致残余应力的产生。残余拉应力会使零件表面翘曲，强度降低，甚至会产生裂纹；而残余压应力可提高零件的疲劳强度、耐蚀能力和耐磨性。

③ 表面粗糙度　温度过高造成表面软化，磨屑堵塞砂轮的容屑、排屑空间，磨削能力下降，摩擦激增，从而增大加工表面的粗糙度值。

6. 磨粒的磨损类型和磨损阶段

（1）磨粒磨损类型

磨粒磨损会影响磨粒本身的尺寸、形状和切入能力，进而影响到砂轮的磨损和磨削能力。如图 4.7 所示，磨粒磨损类型如下。

① 磨耗磨损 ［图 4.7（a）］　磨削力较小时，磨粒因摩擦产生较慢的磨耗磨损，其大小影响更多取决于磨粒所承受的温度，而工件的硬度次之。

② 磨粒破碎　磨削深度的增加势必增加磨屑的厚度和磨削力，造成磨粒破碎，导致磨粒局部脱落或整体脱落。较大的破碎会使得磨粒丧失切入能力 ［图 4.7（b）］。较小的破碎会在磨粒上形成新的切刃 ［图 4.7（c）］，砂轮修整形成更细的微刃就是利用这个原理 （图 4.8）。

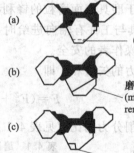

图 4.7　磨粒磨损的类型 （types of grain wear）

(a) 滑擦表面的磨耗、磨损（attritious or rubbing wear of the rubbing surface）

(b) 磨粒宏观折断磨损，丧失切刃（macrofracture wear of a grain, removes the edge from cutting）

(c) 磨粒的微观碎裂磨损产生切刃（microfracture wear of a grain, regenerates the cutting edge）

(d) 粘接剂碎裂，磨粒脱离（bond fracture and grain pull-out）

③粘接剂破碎 ［图 4.7（d）］　过大的磨削力还可能造成粘接剂破碎，致使整颗磨粒脱落。粘接剂的破碎可能发生在磨削加工中，还可能发生在砂轮修整过程中，这时就是人为地让磨钝的磨粒脱落，以露出锋利磨粒。

一般情况，引起磨粒破碎的磨削力会大于引起磨耗磨损的磨削力。磨粒破碎或脱落，露出新的棱角或磨粒，砂轮的这种能力叫"自锐性"，也叫"自砺"。

（2）磨损阶段

如图 4.9 所示，与切削加工刀具的磨损阶段类似，磨削加工刀具的磨损阶段也分为三个阶段：初期磨损、正常使用磨损和修正耐用度结束时的急剧磨损。

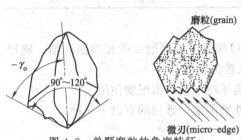

图 4.8　单颗磨粒的角度特征
（angular feature of a single grain）

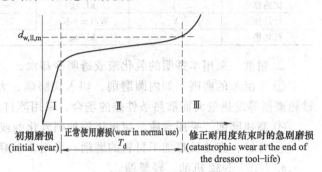

图 4.9　砂轮磨损的不同阶段
（stages of grinding wheel wear）

7. 磨削液

（1）磨削液的功用

如图 4.10 所示，磨削液的主要作用是冷却、润滑、冲刷磨屑、防锈、载体、抑制粉尘和雾气、降低噪声等。

① 冷却作用　带走磨削热，防止工件磨削烧伤或变形，提高加工精度，尤其是对于缓进给、大切深的强力磨削。

② 润滑作用　分为磨粒接触工件的机械润滑和化学-物理润滑。减少磨料与工件表面间的摩擦，降低磨削力，减少磨料磨耗磨损，延长砂轮使用寿命，并带来表面粗糙度的降低。

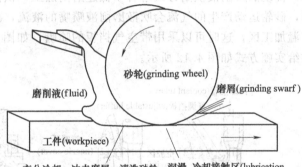

图 4.10　磨削时切削液的作用
（the role of a process fluid in grinding）

③ 冲刷磨屑　冲刷并带走磨屑，预防砂轮容屑排屑空间的堵塞，净化工件并保证更理想的工况，从而降低表面粗糙度并延长砂轮使用寿命。

④ 防锈作用　磨削液里添加防锈剂，防止水溶液对工件已加工表面的锈蚀。

⑤ 载体作用　用于携带游离磨料，使其参与磨研工作。

⑥ 抑制粉尘和雾气　干磨粉尘大，一般采用吸尘器来收集粉状磨屑并防止扬尘，而湿磨的磨削液抑制粉尘或金属蒸气。

⑦ 降低噪声　有磨削液时噪声明显降低。

脆性材料一般不用磨削液，而是用吸尘器收集磨屑粉尘，如铸铁、青铜。

（2）磨削液选择

磨削加工发热量大，采用的磨削液以水基乳化液居多，因为水的散热效果是所有液体中最好的。由表 4.2 可见，水的各项指标是矿物油的数倍，尤其是汽化热指标是矿物油的 10 倍以上，由表还可知喷雾汽化能最大限度地带走热量。

磨削液的选择原则如下。

① 一般磨削　采用 2%～5% 的普通乳化液，2%～3%NL 型乳化液。

表4.2　常温大气压力下水、矿物油和空气的热学性能

性能	符号	单位	矿物油	水	空气
密度	ρ	kg/m³	900	1000	1.2
比热容	c_p	kJ/kg	1.9	4.2	1.0
导热性	k	W/(m·K)	130	600	26
汽化热	r	kJ/kg	210	2260	0

② 精磨　采用半透明的乳化液或透明冷却水。

③ 工况差的磨削　如内圆磨削、切入式磨削、大切深缓进给磨削或砂瓦端面磨削、碗形砂轮磨削等发热量大而散热条件差的场合，采用苏打水较为合适。

④ 高速磨削　采用含硫、氯极压添加剂乳化油或离子冷却液与水配制使用。

⑤ 螺纹、齿轮及难加工材料的磨削　采用非水溶性磨削液，常用的有以下几种。

a. N15、N32机油、轻柴油。

b. 硫化矿物油：（75%～80%）N15、N32机油＋（25%～20%）硫化切削油。

c. 93%硫化油＋6%油酸＋1%松节油。

（3）磨削液的供给

传统的磨削液供给方式适合于低速磨削加工，供液压力低，低于0.1MPa。对于中高速磨削，砂轮运动产生的气流会吹散磨削液喷嘴的液流，减小磨削液的流量，磨削液不能有效到达高温加工区，这时可以采用带空气挡板的喷嘴，如图4.11所示。而磨削内圆时常用的磨削液供给实施方式如图4.12所示。

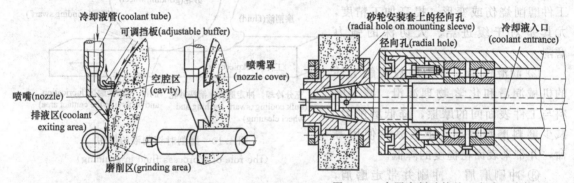

图4.11　带空气挡板的喷嘴
（coolant nozzle with air buffer）

图4.12　内圆磨削砂轮的（内喷）冷却
（grinding wheel cooling for
internal grinding operation）

8. 磨削加工的工艺特点

磨削无论在工具形式、刀具材料、材料去除机理、工艺参数还是在工艺用途等诸多方面都有别于其他切削加工。与其他切削加工相比，磨削加工主要有以下特点。

① 加工质量好　获得表面的精度高、粗糙度低，更多用于精加工。这是因为：磨削属于高速多刃切削，其切削刃尖圆弧半径比一般的车刀、铣刀、刨刀要小得多，能在工件表面上切下一层很薄的材料；磨削过程是磨粒挤压、刻划和滑擦综合作用的过程，有一定的研磨抛光作用；磨床比一般金属切削机床的加工精度高，刚度和稳定性好，且具有微量进给机构。磨具品种多，选择余地极大，可以针对不同需求实施不同的加工任务，如磨削、研磨、抛光、超精加工等。

② 可加工材料范围广泛　磨削不仅可以加工铸铁、碳钢、合金钢等一般结构材料，还可以加工一般刀具难以切削的高硬度淬硬钢、工具钢、高速钢、硬质合金、陶瓷、玻璃等。

③ 工艺类型多　磨削可加工外圆、内圆、锥面、平面、成形面、螺纹、齿形等多种表面，还可刃磨各种刀具。在工业发达国家，磨床已占到机床总数的 30%～40%。

④ 法向力大　与切削加工相比较，磨削加工时砂轮与工件的接触面积大，加上磨粒多为负前角，使得法向力更大，发热也大得多。

⑤ 砂轮有自锐作用　磨粒的破碎或脱落，使得砂轮具有自锐或自砺作用。

⑥ 发热多、温度高　冷却不良容易烧伤工件，磨削液供应比较严格。

第二节　砂轮磨削

1. 砂轮

砂轮属于固结磨具，是用磨料与结合剂（粘接剂）经过混合和模具压制成形后，再经烧结等处理而制成的多孔状的磨削加工工具。显然，磨料、结合剂和孔隙就是砂轮的三大构成要素（图4.13）。

砂轮的特性由以下六个基本参数决定。

（1）磨料种类

磨料是构成砂轮的主要成分，具有很高的硬度、耐磨性、耐热性和韧性，担负着磨削工作，承受磨削热和切削力。常用的磨料有氧化物系、碳化物系、超硬磨料系，磨料种类及其选择见表4.3。

表 4.3　磨料种类及其选择

系列	名称	代号	旧代号	颜色	性能	适用范围
氧化系	棕刚玉	A	GZ	棕褐	硬度较低、韧性较好	磨削碳素、合金钢，可锻铸铁与青铜
	白刚玉	WA	GB	白色	较 A 硬度高，磨粒锋利	磨削淬硬钢、薄壁零件、成形零件
	铬刚玉	PA	GC	玫瑰红	韧性比 WA 好	磨削高速钢、不锈钢、成形磨削、刀具刃磨
碳化系	黑色碳化硅	C	TH	黑色	比刚玉类硬度高但韧性差	磨削铸铁、黄铜、耐火材料及非金属材料
	绿色碳化硅	GC	TL	绿色	较 C 硬度高但韧性差	磨削硬质合金、宝石和光学玻璃
	碳化硼	BC		黑色	比刚玉、GC 都硬，耐磨	研磨硬质合金
超硬磨料	人造金刚石	D	JR	白、淡绿黑色	硬度最高，但耐热性差	研磨硬质合金、宝石和光学玻璃、陶瓷等高硬度材料
	立方氮化硼	CBN	CBN	棕黑色	硬度仅次于 D 但韧性好	磨削高性能高速钢、不锈钢、耐热钢等

（2）粒度（号）

粒度是指磨料颗粒的大小。根据磨料颗粒大小又分为磨粒和磨粉两类，磨料颗粒大于 $40\mu m$ 时，称为磨粒；小于 $40\mu m$ 时，称为磨粉（表4.4）。粒度号：对于磨粒，是指磨粒刚好能通过的筛网每英寸长度（25.4mm）上的孔眼数，即"目数"，粒度号越大，磨粒的实际尺寸越小；而对于磨粉，是指在显微镜下测得的该颗粒最大尺寸的微米数，用 W 带数字表示，数字越大，微粉颗粒尺寸越大。

表 4.4　磨料的粒度及选用

类别	粒度号	适用范围
磨粒	8#、10#、12#、14#、16#、20#、22#、24#	荒磨
	30#、36#、40#、46#	一般磨削，Ra 可达 $0.8\mu m$
	54#、60#、70#、80#、90#、100#	半精磨、精磨、成形磨削，Ra 可达 $0.8～0.16\mu m$
	120#、150#、180#、220#、240#	精磨、精密磨、超精磨、成形磨、刀具刃磨
磨粉	W63、W50、W40、W28	精磨、精密磨、超精磨、珩磨、螺纹磨
	W20、W14、W10、W7、W5、W3.5、W2.5、W1.5、W1.0、W0.5	超精密磨、镜面磨、精研，Ra 可达 $0.05～0.012\mu m$

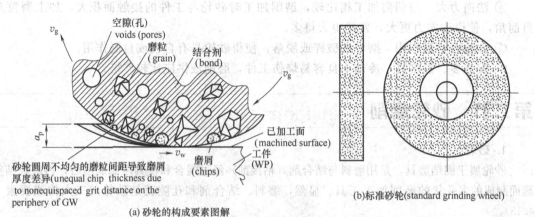

(a) 砂轮的构成要素图解
[(schematic to illustrate constituents of a grinding wheel (GW)]

(b)标准砂轮(standard grinding wheel)

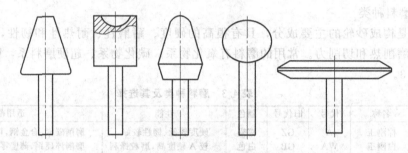

(c) 成形磨削砂轮(contour grinding wheel)

(d) 不同尺寸和形式的砂轮
(various sizes and forms of grinding wheel)

(e) 不同形式的超硬磨料砂轮
(various forms of super−hard abrasive wheel)

图 4.13 砂轮的构成要素和不同结构形式
（constituents and forms of grinding wheels）

（3）结合剂

结合剂（粘接剂）的作用是将磨粒黏合在一起，使砂轮具有必要的形状和强度，它的性能决定砂轮的强度、耐冲击性、耐蚀性、耐热性和砂轮寿命。常用结合剂分为四大类，见表4.5。图 4.14 为电镀金属结合剂砂轮示意图和实物照片。

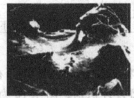
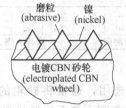

(a) 镀铜砂轮(a brazed wheel)　　　　　　　(b) 镀镍砂轮(a nickel-electroplated wheel)

图 4.14　电镀金属结合剂砂轮（electroplated metal bond wheel）

表 4.5　结合剂的种类及选用

名称	代号	旧代号	特　性	适用范围
陶瓷	V	A	耐热、耐油和酸及碱的侵蚀,强度高、较脆	除薄片砂轮外,能用于制作各种砂轮
树脂	B	S	强度高,富有弹性,具有一定的抛光作用,耐热性差,不耐酸碱	荒磨砂轮、磨窄槽,可用于制作切断用砂轮、高速砂轮、镜面磨砂轮
橡胶	R	X	强度高,弹性更好,抛光作用好,耐热性差,不耐酸碱,易堵塞	用于制作磨削轴承滚道砂轮、无心磨导轮、切割薄片砂轮、抛光砂轮
金属	M	J	砂轮强度好,型面保持性好,有一定韧性,但自锐性差	制造金刚石砂轮,使用寿命长

（4）硬度

砂轮的硬度是反映磨粒在磨削力作用下,从砂轮表面上脱落的难易程度,即反映磨粒与结合剂的牢固程度。砂轮硬,磨粒较难脱落;砂轮软,磨粒容易脱落。

砂轮组织较疏松,工件材料较硬,砂轮与工件磨削接触面较大,砂轮气孔率较低时,需选用较软的砂轮。半精磨与粗磨相比,树脂与陶瓷相比,选用的砂轮硬度应低些,见表 4.6。

表 4.6　砂轮硬度等级及选择

等级	超软		软			中软		中			中硬		硬		超硬
代号	D	E	F	G	H	J	K	L	M	N	P	Q	R	S	T	Y
选择	未淬硬钢选 L~N,淬火合金钢选 H~K,高表面质量选 K~L,硬质合金刀选 H~J

（5）组织

砂轮的组织表示磨粒、结合剂和气孔三者的体积比例,磨粒在砂轮体积中所占比例越大,砂轮组织越紧密,气孔越小;反之,组织越疏松。根据组织不同可将砂轮分为紧密、中等、疏松三大类,见图 4.15。砂轮组织的等级见表 4.7。

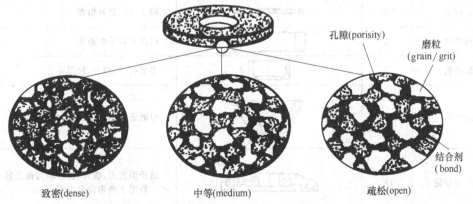

致密(dense)　　　　　中等(medium)　　　　　疏松(open)

图 4.15　砂轮组织（grinding wheel structure）

表 4.7　砂轮组织的等级

组织号	0	1	2	3	4	5	6	7	8	9	10	11	12	13	14
磨粒率/%	62	60	58	56	54	52	50	48	46	44	42	40	38	36	34
用途	成形、精密磨削				磨淬火钢、刀具				磨韧性大硬度不高钢				热敏材料		

（6）形状、尺寸

为便于对砂轮管理和选用，通常将砂轮的形状、尺寸和特性标注在砂轮端面上，见表 4.8。表 4.9 是金刚石砂轮金刚石剖面的形状和位置设计识别。图 4.16 为金刚石砂轮形状设计识别符号，表 4.10 为金刚石砂轮结构改变识别表。

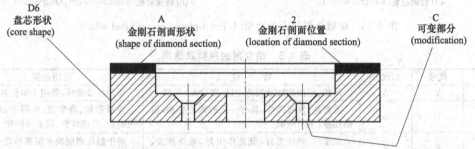

图 4.16　典型金刚石砂轮形状设计符号（a typical diamond wheel shape designation symbol）

表 4.8　常用砂轮形状、化号及用途

名称	代号	断面图	基本用途
平形砂轮	P		用于外圆、内圆、平面、无心、刃磨、螺纹磨削
双斜边一号砂轮	PSX₁		用于磨齿轮齿面和磨单线螺纹
双斜边二号砂轮	PSX₂		用于磨外圆端面
单斜边一号砂轮	PDX₁		45°角单斜边砂轮，多用于磨削各种锯齿
单斜边二号砂轮	PDX₂		小角度单斜边砂轮，多用于刃磨铣刀、铰刀、插齿刀等
单面凹砂轮	PDA		多用于内圆磨削，外径较大者都用于外圆磨削
双面凹砂轮	PSA		主要用于外圆磨削和刃磨刀具，还用作无心磨的导轮磨削轮
单面凹带锥砂轮	PZA		磨外圆和端面
双面凹带锥砂轮	PSZA		磨外圆和两端面
薄片砂轮	PB		用于切断和开槽等
筒形砂轮	N		用在立式平面磨床
杯形砂轮	B		刃磨铣刀、铰刀、拉刀等
碗形砂轮	BW		刃磨铣刀、铰刀、拉刀、盘形车刀等
碟形一号砂轮	D₁		适于磨铣刀、铰刀、拉刀和其他刀具，大尺寸的一般用于磨削齿轮齿面

表 4.9　金刚石砂轮上金刚石剖面的位置设计

(designations for location of diamond section on diamond wheel)

设计号和位置 (designation no.and location)	描述(description)	图解(illustration)
8——完全金刚石 (throughoux)	整个实体为金刚石磨料，没有轮毂(designates wheels of solid diamond abrasive section without cores)	
9——边角(corner)	金刚石层位于剖面一个边角，但不宜延伸到另一个边角(designates a location which would commonly be considered to be on the periphery except that the diamond section shall be on the corner but shall not extend to the other comer)	
10——内环面(annular)	金刚石层位于轮毂内环面上(designates a location of the diamond abrasive section on the inner annular surface of the wheel)	

表 4.10　金刚石砂轮改型标识字母

(designation letters for modifications of diamond wheels)

标识字母 (designation letter)	描述(description)	图解(illustration)
B——钻孔并锪沉孔 (drilled and counterbored)	轮毂基体上钻孔并锪沉孔(holes drilled and counterbored in core)	
C——钻孔并锪锥孔 (drilled and countersunk)	轮毂基体上钻孔并锪锥孔(holes drilled and countersunk in core)	
H——钻通孔 (plain hole)	轮毂基体上钻通孔(straight hole drilled in core)	
M——钻通孔和螺纹孔 (holes plain and threaded)	轮毂基体上钻孔、螺纹孔(mixed holes，some plain，some threaded，are in core)	
P——单面内沉 (relieved one side)	砂轮单面内沉，轮中心厚度小于砂轮厚度(core relieved on one side of wheel.thickness of core is less than wheel thickness)	
R——双面内沉 (relieved two sides)	砂轮双面内沉，轮中心厚度小于砂轮厚度(core relieved on both sides of wheel. Thickness of core is less than wheel thickness)	
S——金刚石层开槽分片 (segmented-diamond section)	轮毂上安装开槽分片的金刚石层(片间无支撑)(wheel has segmental dimond section mounted on core (clearance between segmenxs has no bearing on definition)	
SS——金刚石层分片基体开槽 (segmental and slotted)	开槽轮毂基体上安装金刚石片层(wheel has separated segments mounted on a slotted core)	
T——设置螺纹孔 (threaded hole)	轮毂基体上设置螺纹孔(threaded holes are in core)	

标识字母 (designation letter)	描述(description)	图解(illustration)
Q——金刚石嵌入 (diamond inserted)	金刚石层剖面三面部分或全部被轮毂包围(three surfaces of the diamond section are partially or completely enclosed by the core)	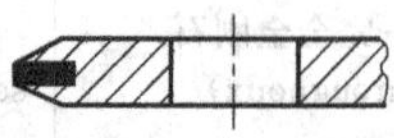
V——圆周面金刚石层内凹 (diamond inverted)	各种内凹断面金刚石层安装在轮毂上(any diamond cross section,which is mounted on the core so that the interior point of any angle,or the concave side of any arc,is exposed shall be considered inverted)	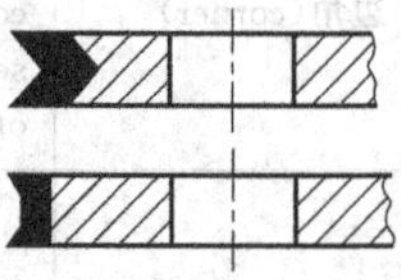

（7）砂轮代号标注示例

图 4.17 为超硬磨料砂轮的标识；图 4.18 是普通砂轮的标识代号。主要磨料种类的特性归纳如表 4.11 所示。

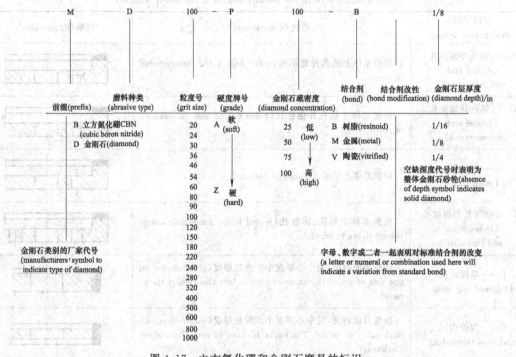

图 4.17　立方氮化硼和金刚石磨具的标识

(standard marking system CBN and diamond bonded abrasives)

前缀 (prefix)	1 磨料种类 (abrasive type)	2 磨料尺寸 (grain size)	3 硬度牌号 (grade)	4 组织结构 (structure)	5 结合剂种类 (bond type)	6 厂商标识 (manufacturer's record)
51 —	A —	36 —	L —	5 —	V —	23

图 4.18　标准的砂轮标识 (standard grinding wheel marking)

表 4.11 主要磨料种类的特性归纳（summary of major abrasive-type characteristics）

	TA	60	K	5	V	E
	53A	60	K	5	V	BH

磨料种类 (abrasive type)	尺寸 (grain size)	牌号 (grades)	结构 (structure)	结合工艺 (bond Process)	结合剂代号 (bond code)
氧化铝 (aluminum oxide)	16	F	2	V-陶瓷 (vitrified)	陶瓶 (vitrified):
			致密 (dense)		陶瓷氧化铝 (dense aluminum oxide)
YA 常规 (regular) 51A	20	G	3		高热 (high heat)
AA 半脆 (semifriable) 52A	24	H		R	红 (red) A
TA 易脆 (friable) 53A	30	I	4 标准 (std)	B-树脂 resin E	透 (clear) BH
BB 灰白 (off white) —	36	J		E+	蓝 (blue) —
32A 灰色 (gray) 55A	46	K	5	R+	深红 (dark red) —
PA 粉红 (pink) 12A	60	L	6	R-橡胶 rubber	低热 (low heat)
RA 深红 (ruby) RA	70	M	7	—	红 (red) V
AAT 54A	80	N	8	—	透 (clear) B
综合 (combinations)					
— 50A	90	O			碳化硅 (silicon carbide)
	100	P	9	A	透 (clear) C
碳化硅 (silicon carbide)	120	Q	10 很疏松 (very)		树脂 (resinoid):
			疏松 (open)		树脂氧化铝 (aluminum oxide)
C 黑色 (black) 49C	150	R	11 孔隙 (porous)	B	棕色 (brown) B1
					B2
					BXF
GC 绿色 (green) 49CG	180	S	12		碳化硅 (silicon carbide)
	220	T		B	棕色 (brown) B5
	320	U			B15
					强化树脂 (reinforced resin)
				BF	棕色 (brown) BR
				HR	橡胶 (rubber)
				SR	硬 (hard) HR
					软 (soft) SR

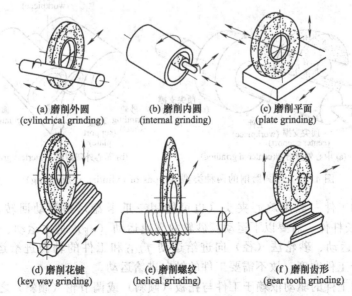

(a) 磨削外圆 (cylindrical grinding)　(b) 磨削内圆 (internal grinding)　(c) 磨削平面 (plate grinding)

(d) 磨削花键 (key way grinding)　(e) 磨削螺纹 (helical grinding)　(f) 磨削齿形 (gear tooth grinding)

图 4.19 砂轮磨削加工工艺类型 (various applications of wheel grinding)

通常将砂轮的形状、尺寸和特性标注在砂轮端面上，其顺序为：形状、尺寸、磨料、粒度号、硬度、组织号、结合剂、线速度。

例如，PSA350×40×75WA60K5B40 是指：双面凹、外径 350mm、宽度 40mm、内径 75mm、白刚玉、60 目、硬度中软、中等组织、树脂结合剂，切削速度为 40m/s。

2. 砂轮磨削类型

图 4.19 是常见的磨削加工工艺类型，即外圆磨削、内圆磨削、平面磨削、成形磨削（齿面、键槽、螺纹）、高速磨削、高效磨削等。

（1）外圆磨削

外圆磨削及其应用见图 4.20。

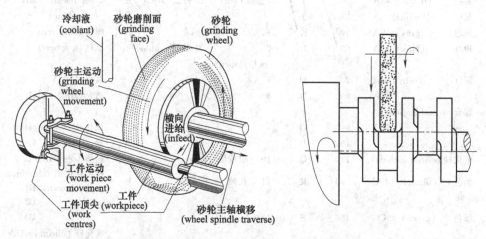

(a) 外圆磨削透视图(perspective of cylindrical grinding)　　(b) 用于曲轴磨削(application for crank grinding)

图 4.20　外圆磨削及其应用（cylindrical grinding and its application）

外圆磨削分为中心外圆磨削和无心外圆磨削，如图 4.21 所示，中心外圆磨削的工件绕固定的中心轴线旋转而定位，而无心外圆磨削工件的回转中心是不固定的，靠自身表面定位（自为基准，没有定位误差）。

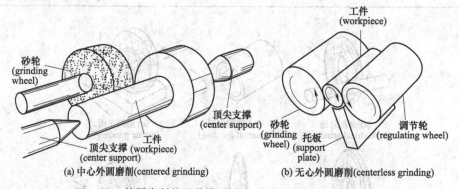

(a) 中心外圆磨削(centered grinding)　　(b) 无心外圆磨削(centerless grinding)

图 4.21　外圆磨削的两种类型（types of cylindrical grinding）

中心外圆磨削工件一般用鸡心夹头（也可能用三爪卡盘）来驱动回转，见图 4.22。图 4.22（a）为磨削长杆件，需要以下运动：砂轮的高速运动（v_g）是主运动、工件的回转运动（v_w）为圆周进给运动、砂轮法（径）向进给运动 $f_{n(r)}$ 和工件的轴向进给运动 f_a。图 4.22（b）砂轮宽度大于工件宽度，故不需要工件的轴向进给运动。

无心外圆磨削工件的驱动依赖于工件与托板（倾斜）或调节轮（倾斜）之间的摩擦作用。

无心磨削时，工件靠被加工表面自身定位（无定位误差），用托板支持着放在砂轮与导轮

（也称调节轮）之间进行磨削，工件的轴心线稍高于砂轮与导轮连线中心，如图 4.23、4.24 所示。磨削时，工件靠导轮与工件之间的摩擦力带动旋转，导轮采用摩擦因数大的结合剂（橡胶）制造。导轮的直径较小，速度较低，一般为 20～80m/min；而砂轮速度则大大高于导轮速度，它担负着磨削工件表面的重任。

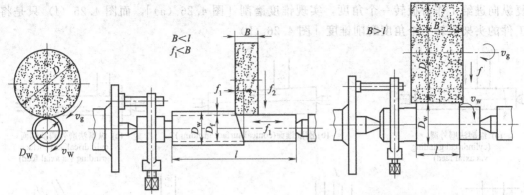

(a) 纵向进给磨削(lengthwise feeding grinding) (b) 切入式磨削(plunge-grinding)

图 4.22　外圆磨削的两种操作方式（external cylindrical grinding operations）

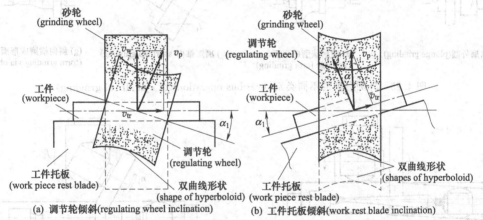

(a) 调节轮倾斜(regulating wheel inclination)　(b) 工件托板倾斜(work rest blade inclination)

图 4.23　贯通式无心磨床里，为确保工件与轮子线性接触，采用了回轮轮廓为双曲线的调节轮
（ensuring linear contact between WP and wheels in through feed centerless grinding
by providing wheels of hyperboloid of revolution profiles）

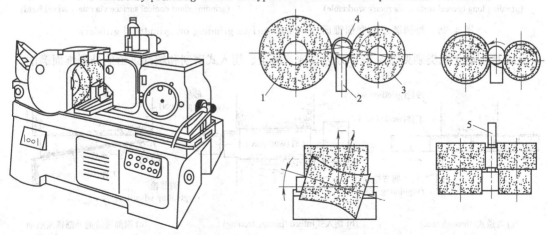

图 4.24　无心磨削（centreless grinding operations）
1—砂轮（grinding wheel）；2—工件托板（workpiece rest blade）；3—调节轮
（regulating wheel）；4—工件（workpiece）；5—挡块（end stop）

　　中心外圆磨削的不同类别如图 4.25 所示，其中，图 4.25（e）和图 4.25（g）都属于成形磨削；图 4.25（c）的端面吃刀不能太深，否则危及安全；图 4.25（a）和图 4.25（d）与图 4.22（a）和图 4.22（b）相对应，即纵磨法和横磨法，分别磨削长轴外圆表面和短轴外圆表面；图 4.25（b）和图 4.25（f）分别是磨削长轴锥面和短轴锥面，图 4.25（b）是将整个纵向往复纵向进给工作台扳转一个角度，实现锥度磨削 [图 4.26（a）]，而图 4.25（f）只是将装夹工件的头架扳转一个角度磨削锥度 [图 4.26（b）]。

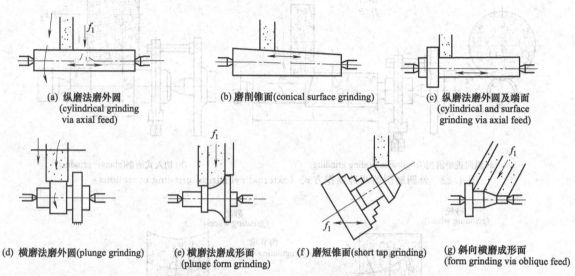

(a) 纵磨法磨外圆 (cylindrical grinding via axial feed)　　(b) 磨削锥面 (conical surface grinding)　　(c) 纵磨法磨外圆及端面 (cylindrical and surface grinding via axial feed)

(d) 横磨法磨外圆 (plunge grinding)　　(e) 横磨法磨成形面 (plunge form grinding)　　(f) 磨短锥面 (short tap grinding)　　(g) 斜向横磨成形面 (form grinding via oblique feed)

图 4.25　外圆磨削的不同类别（various operations of cylindrical grinding）

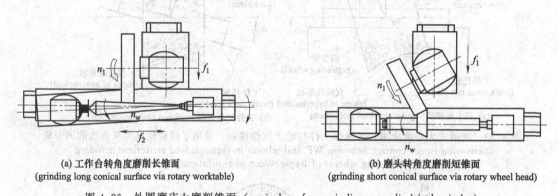

(a) 工作台转角度磨削长锥面 (grinding long conical surface via rotary worktable)　　(b) 磨头转角度磨削短锥面 (grinding short conical surface via rotary wheel head)

图 4.26　外圆磨床上磨削锥面（conical surface grinding on cylindrical grinder）

　　无心磨削的工艺类别见图 4.27，分为贯通式磨削、切入式磨削和端部进给的外圆锥面磨削。

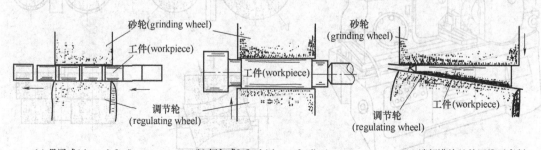

(a) 贯通式 (through feed)　　(b) 切入式 Infeed (plunge feeding)　　(c) 端部进给的外圆锥面磨削 (end feed for tapered WP)

图 4.27　无心磨削的不同类别（centreless grinding operations）

（2）平面磨削

如图 4.28 所示，砂轮平面磨削分为卧式主轴砂轮周边磨削［图 4.28（a）］和立式主轴砂轮端面磨削［图 4.28（b）］两大类，每一个细类中又分为往复工作台和回转工作台两类。

工作台的往复运动常常采用液压缸平稳实现，每一次工作台纵向进给（f_w）超过工件末端后，磨头（砂轮及头架）沿砂轮轴向（即工件横向）进给一次（f_a）。如果砂轮够宽，即砂轮全覆盖磨削，则不需要这个轴向进给运动。

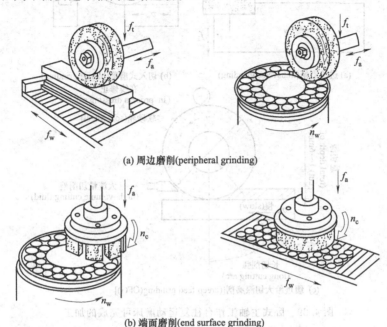

(a) 周边磨削(peripheral grinding)

(b) 端面磨削(end surface grinding)

图 4.28 典型平面磨削加工（typical flat surface grinding operations）

回转工作台可以实现不停机装卸工件，结构紧凑、占地空间更小，利于多磨头布局，可实现粗精细一体化加工。

立轴类磨头刚性更好，适合于重载磨削。常用钢盘支撑的碗形砂轮或砂瓦作为磨具，其覆盖宽度大，往往不需要横向进给运动，只需轴向进给运动（f_a），常用于平面度要求高的大批量磨削加工。其不足之处是散热和排屑不如卧式主轴类别容易。

工业生产中，使用更多的是卧式主轴砂轮周边磨削工作台往复运动磨削，因为工作区接触面积小、发热少且冷却更充分，散热条件好，排屑更容易。如图 4.29 所示，这种磨削又分为三个类别，即进给磨削［图 4.29（a），应用最广泛］、切入式磨削［图 4.29（b），无横向进给］、缓进给大切深的高效磨削［图 4.29（c）］。

（3）内圆磨削

常见的内圆磨削工艺形式如图 4.30 所示，图 4.30（a）为应用最广泛的进给磨削，其进给运动包括法向进给 f_2 和轴向进给 f_1，工件的低速回转 v_w 实质为周向进给；图 4.30（b）的行星式磨削主要用于回转不方便的大型箱体、支架类零件磨削内圆，砂轮做主运动 v_g 和周向进给运动 v_p，既高速自转又做低速公转，故称行星式磨削；图 4.30（c）为无轴向进给的切入式磨削；图 4.30（d）为内圆磨床可以实现的工件端面磨削；图 4.30（e）为刚性差的薄壁套筒的无心内圆磨削，其中工件内部的砂轮，其高速回转是主运动，空套的调节轮低速回转驱动工件旋转，做周向进给运动，空套的滚轮起到辅助支撑作用，事实上，取消滚轮和调节轮两个空套轮，一样可以实现内表面磨削，而且可以磨削薄壁椭圆内孔。

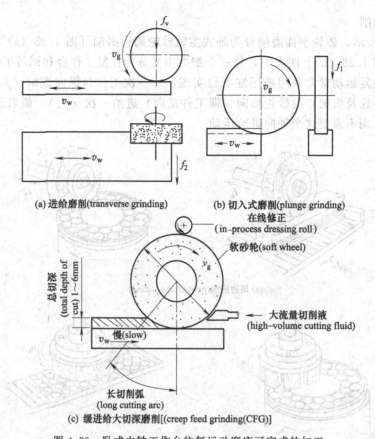

(a) 进给磨削(transverse grinding)

(b) 切入式磨削(plunge grinding)
在线修正
(in-process dressing roll)

软砂轮(soft wheel)

大流量切削液
(high-volume cutting fluid)

总切深(total depth of cut) 1～6mm

长切削弧
(long cutting arc)

(c) 缓进给大切深磨削[[creep feed grinding(CFG)]

图 4.29 卧式主轴工作台往复运动磨床可完成的加工
(operations performed on horizontal-spindle reciprocating table grinders)

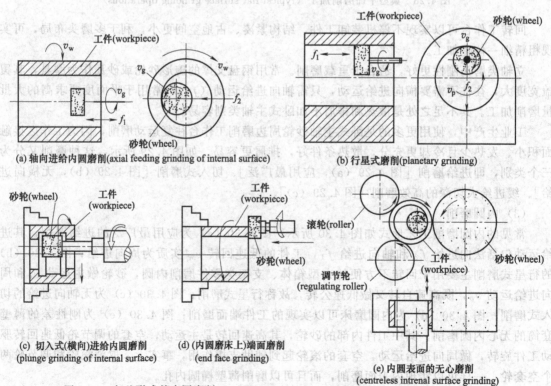

(a) 轴向进给内圆磨削(axial feeding grinding of internal surface)

(b) 行星式磨削(planetary grinding)

(c) 切入式(横向)进给内圆磨削
(plunge grinding of internal surface)

(d) (内圆磨床上)端面磨削
(end face grinding)

(e) 内圆表面的无心磨削
(centreless intrenal surface grinding)

图 4.30 各种形式的内圆磨削 (various types of internal surface grinding operations)

也可以采用万能外圆磨床磨削内圆表面和内锥面，内锥面的磨削如图 4.31 所示，可以通过扳转工件头架 [图 4.31（a）] 和整体上工作台来实现 [图 4.31（b）]。

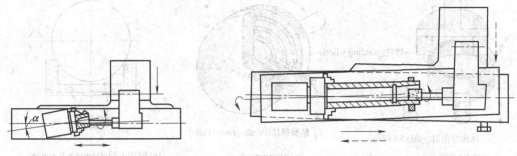

(a) 倾斜头架磨削短锥面(grinding short conical surface via inclination of job head)　　(b) 倾斜上层工作台磨削长锥面(grinding long conical surface via inclination of upper lay of worktable)

图 4.31　磨削内锥面（internal conical surface grinding）

（4）曲面磨削

砂轮磨削曲面常用的有成形磨削、轨迹法磨削和展成磨削等方法。

① 成形磨削　如图 4.32 所示，其中，图 4.32（a）、（b）为磨削回转曲面；图 4.32（c）、（d）为磨削直线曲面。

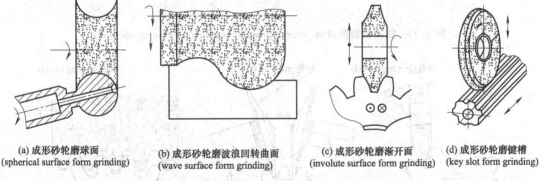

(a) 成形砂轮磨球面
(spherical surface form grinding)　　(b) 成形砂轮磨波浪回转曲面
(wave surface form grinding)　　(c) 成形砂轮磨渐开面
(involute surface form grinding)　　(d) 成形砂轮磨键槽
(key slot form grinding)

图 4.32　常用的成形砂轮磨削曲面（curve surface grinding by form wheel）

② 轨迹法磨削　如图 4.33 所示，图 4.33（a）、（b）分别为粗磨、精磨轴承用小型钢球；图 4.33（c）是磨削大尺寸钢球；图 4.33（d）是三角形薄片成形砂轮配合工件的螺旋线运动轨迹磨削螺纹表面；图 4.33（e）为螺纹型砂轮切入式磨削工件螺纹表面；图 4.33（f）是砂轮沿母线轨迹磨削内部曲面。

③ 展成磨削　渐开线齿面磨削采用展成法的通用性好，图 4.34（a）是锥面砂轮磨削渐开线齿面，工件正反转分别磨削齿槽的左右面；每磨完一个齿槽的两面，工件作分度运动磨下一个齿槽，即不能够连续磨完所有齿面；图 4.34（b）是采用双碟形砂轮磨削齿面，工件正反转分别磨削两个齿槽的左右面，同样需要分度运动；图 4.34（c）是蜗杆砂轮磨削齿面，连续磨削效率高。

（5）缓进给大切深高效磨削（图 4.35）

缓进给大切深磨削方法，其磨削深度为普通磨削的 100~1000 倍，切深可达 1~30mm，进给速度为 1.5~60m/min。尽管其材料去除率与常规磨削相当，但由于其一次行程就完成磨削加工，可以减少停机时间，没有工作台回退的空行程时间浪费，因而是一种高效强力磨削方法。

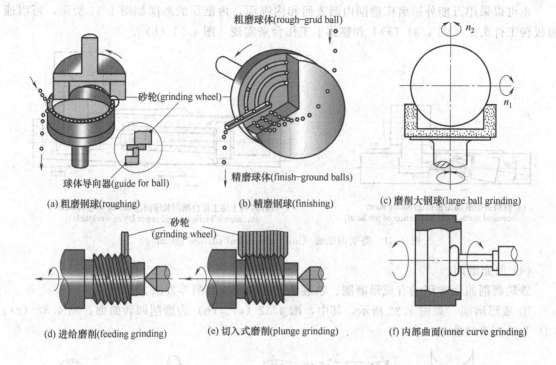

(a) 粗磨钢球(roughing)　　　(b) 精磨钢球(finishing)　　　(c) 磨削大钢球(large ball grinding)

(d) 进给磨削(feeding grinding)　　(e) 切入式磨削(plunge grinding)　　(f) 内部曲面(inner curve grinding)

图 4.33 轨迹法磨削曲面 （curve grinding with curve tracing method）

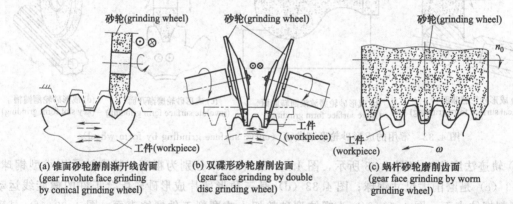

(a) 锥面砂轮磨削渐开线齿面
(gear involute face grinding
by conical grinding wheel)

(b) 双碟形砂轮磨削齿面
(gear face grinding by double
disc grinding wheel)

(c) 蜗杆砂轮磨削齿面
(gear face grinding by worm
grinding wheel)

图 4.34 展成法砂轮磨削齿面 （gear face grinding with enveloping method）

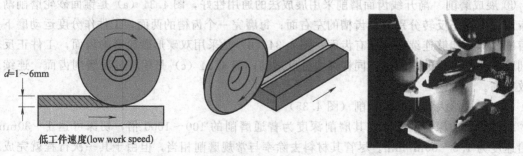

$d=1\sim6mm$

低工件速度(low work speed)

(a) 缓进给大切深磨削
(creep feed grinding)

(b) 缓进给大切深一次通过平面磨沟槽
(a shaped groove produced on a flat
surface by creep feed grinding in one pass)

(c) 成形砂轮缓进给大切深磨削例子
(an example of creep feed
grinding with a shaped wheel)

图 4.35 缓进给大切深高效磨削 （illustration of creep feed）

（6）高速磨削

砂轮线速度提高到 50m/s 以上时即称为高速磨削，美国实验室做到的最高磨削速度已达到 500m/s。高速磨削生产率一般可提高 30%～100%，砂轮耐用度提高 0.7～1 倍，工件表面粗糙度值 Ra 可达到 0.8～0.4μm。

砂轮线速度提高以后，单位时间内通过磨削区的磨粒数目便相应增多，如果进给速度保持不变，则高速磨削时每颗磨粒切除的切屑厚度减薄，每颗磨粒所承受的切削负荷亦将随之减小，因此，可相应提高砂轮寿命，减少修整砂轮的次数，生产效率高。此外，切屑厚度变薄，背向力也减小，有利于提高加工精度和降低表面粗糙度。如使每颗磨粒的切屑厚度达到或超过普通磨削时每颗磨粒的切屑厚度，就可实现大进给磨削，可显著提高生产效率。

高速磨削对砂轮和机床有一些特殊要求，具体如下。

① 必须注意提高砂轮的强度，增大结合剂的结合能力，按切削速度选用砂轮，防止砂轮因离心力而破裂。

② 砂轮主轴的轴承间隙应适当加大，热态间隙应在 0.03mm 左右，砂轮主轴润滑油应采用低黏度的油，确保砂轮主轴的正常运转。

③ 砂轮的防护罩应加厚，开口角度应减小，以确保安全，并注意解决防振问题。

④ 改善冷却液的输送方式。高速磨削时，磨削区的温度极高，而砂轮周围又因砂轮高速旋转形成一股强大气流，采用一般的外冷却输送方式，冷却液不易注入

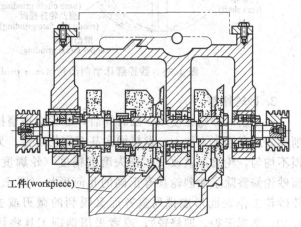

图 4.36 组合磨头磨削机床导轨
（guideway grinding through combined grinding wheels）

磨削工作区，此时宜用内冷却输入方式，冷却液在离心力的作用下通过多孔性砂轮的孔隙甩入工作区。

（7）组合砂轮磨削

图 4.36 是机床导轨的多个表面的组合磨削示意图，采多个砂轮整体组合的磨头进行磨削不仅实现多个面的同时磨削精加工，更重要的是保证各个面之间的位置精度，如平行度误差极小。

图 4.37 是采用两个简单砂轮组合来同时磨削花键的两个定位侧面，比图 4.32 的成形磨削砂轮的成本低得多，而且修整、修形都比较容易，不需专用磨床，适合于大批量生产。

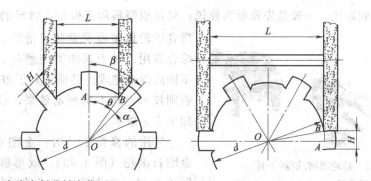

图 4.37 组合磨头磨削花键定位面 （grinding aligning face of spline through combined abrasive heads）

（8）数控磨削

以汽车发动机凸轮轴凸轮面的磨削为例，如图4.38所示，凸轮采用切入式磨削方式，机床砂轮往复运动进给轴 X 轴和工件旋转轴 C 轴进行插补仿形磨削，完全取消了机械靠模，从而具有良好的柔性。数控磨削会是未来磨床或磨削技术的发展方向。

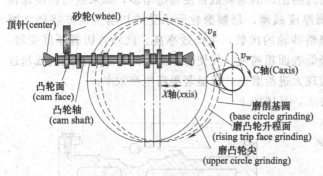

图4.38　数控磨床磨削凸轮（cam profile grinding with NC grinder）

3. 砂轮修整

一个新的砂轮在使用一段时间后，砂轮会被磨损，磨粒钝化，或者堵塞从而丧失或减弱磨削能力或者磨削力加大、发热增多甚至烧伤工件，另一方面砂轮轮廓（特别是成形磨削）因磨损不均匀，轮廓形状改变，丧失磨削精度（轮廓度、加工面与其他面的平行度、垂直度等）。而砂轮修整除了使砂轮具有正确的几何形状（图4.39，宏观形貌，即修形）外，更重要的是使砂轮工作表面形成排列整齐而又锐利的微刃或去除磨钝磨粒而露出新鲜锋利磨粒，（图4.40，微观形貌，即修锐）；或者采用钢刷工具将堵塞砂轮容屑、排屑空间的残留磨屑剔除，而恢复磨削能力（图4.41，即刷新）。故砂轮修整的好坏对磨削工件表面的粗糙度、加工精度、磨削力、磨削热和加工效率、成本等有较大影响。

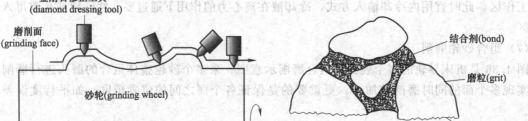
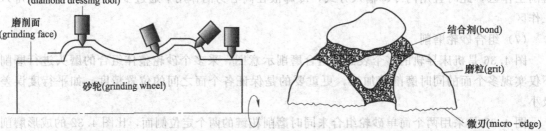

图4.39　砂轮修形（grinding wheel truing）　　　图4.40　砂轮磨粒修锐（grinding wheel dressing）

对于超硬磨料砂轮，一般是先修形再修锐；对常规磨料陶瓷砂轮，修形的同时也在修锐。

陶瓷砂轮修整通常意味着清洁、修形和修锐等综合作用。对于其他类型磨具，修整需要分为不同阶段来完成。必须认真了解具体技术需求，否则技术上达不到预期效果，还可能增加磨削加工工艺成本。

常用的修整工具有：金刚石笔（图4.42）金刚石滚轮（图4.43）、成形砂轮（图4.44）。图4.44中，左图采用与工件形状相同的滚轮形

图4.41　砂轮清洁/刷新工具
（grinding wheel cleaning/brushing tool）

状来修砂轮，而右图采用滚轮作仿形（或按照数控轨迹）修整。此外，针对磨削塑性较大或软质材料，砂轮容易堵塞而采用钢丝刷等来清洁、刷新，见图4.41。金属结合剂砂轮可采用电解去除的在线修整方法（ELID）。

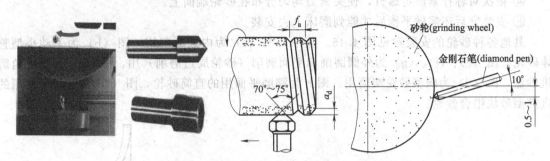

图4.42　金刚石笔修整砂轮（grinding dressing with diamond pen）

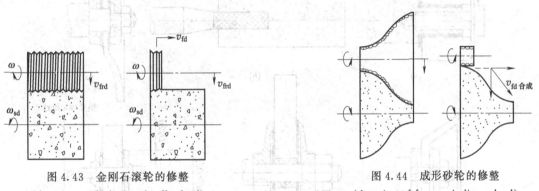

图4.43　金刚石滚轮的修整
（dressing with diamond roll wheel）

图4.44　成形砂轮的修整
（dressing of form grinding wheel）

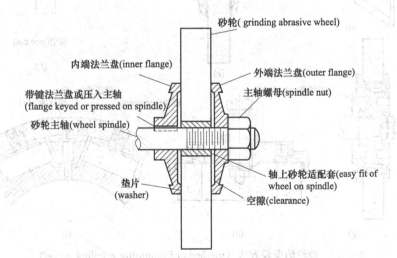

图4.45　砂轮的正确安装（correctly mounted wheel）

4. 砂轮的安装

砂轮的正确安装是保证安全运行和加工质量的前提，有如下事项需引起注意。

① 安装前确认最高的安全工作速度，即砂轮标识的末尾两位数。

② 采用木槌轻轻敲击砂轮，用耳倾听发出的声音，若发现有闷哑声或空响，砂轮可能存在裂纹或大的空隙，这个砂轮不能安装使用。

③ 如图 4.45 所示，固定砂轮的内外法兰盘必须形状、大小相同，通常其直径约等于砂轮半径，与砂轮接触的内侧面中心必须有凹槽，接触面间需要垫上薄的垫片，垫片直径应稍大于法兰盘直径。

④ 依次对称拧紧固定螺钉，使夹紧力均匀分布在砂轮端面上。

⑤ 安装完后还需做平衡后才能到磨床上去安装。

其他各种砂轮的安装参见图 4.46。其中，图（a）为内圆磨削用，图（b）为手动小型整体砂轮，图（e）、（f）、（g）为外圆磨削和平面磨削（砂轮周边磨削）用，图（c）为手持角磨机砂盘，图（d）为碗型砂轮端磨用，图 h 为端磨平面用的直筒砂轮，图（i）是端磨平面用的直筒型砂块组合砂轮。

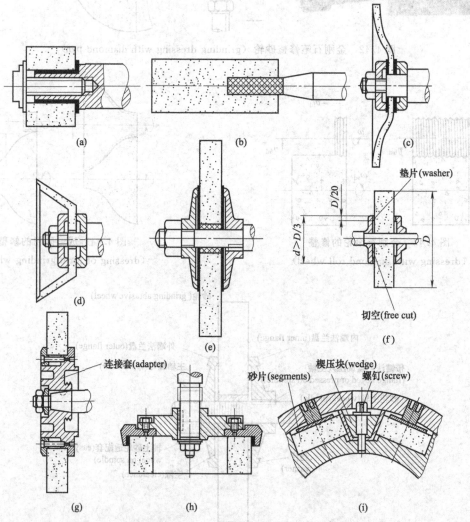

图 4.46　砂轮的安装方法（methods of mounting grinding wheel）

5. 砂轮的平衡

砂轮磨削的特征之一就是磨削速度高，因而对其运行平衡提出较高要求。引起不平衡的因素有：几何形状不对称、两个端面不平行、外圆与内孔不同心、砂轮组织不均匀、安装时偏心误差大以及使用过程中磨损不均匀等。

砂轮的平衡有三种方法：静平衡、动平衡和自动平衡。

① 静平衡　有两种方法：三点平衡法和质心平衡法。平衡装置主要有转盘式砂轮平衡台

（图 4.47）和砂轮静支撑平衡架（图 4.48）。

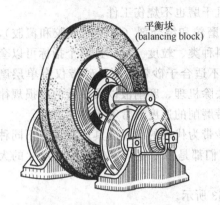

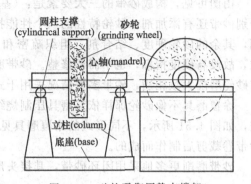

图 4.47　转盘式砂轮平衡台
(revolving-disk grinding wheel balancing stand)

图 4.48　砂轮平衡用静支撑架
(still supporting frame for grinding wheel balance)

② 动平衡　经过静平衡的砂轮一般可以满足使用要求，对于大直径或宽砂轮，还需进行动平衡才能满足要求，一般在专业厂家生产的动平衡仪上完成。

③ 自动平衡　尽管动平衡后的砂轮运行平稳，但是砂轮的工况变化可能引起新的动态不平衡，这时需要对其平衡状况进行在线检测和自动补偿。国内外已经研制出多种砂轮自动平衡装置供应市场。

第三节　砂带磨削

砂带磨削是根据被加工零件的形状选择相应的接触方式，在一定压力下，使高速运动的砂带与工件接触产生摩擦，从而使工件加工表面余量逐步磨除或抛磨的磨削方法，如图 4.49 所示。砂带磨削类型可有外圆、内孔、平面、曲面等，砂带可以是开式也可是环形闭式。砂带磨削近年来获得了极大的发展，发达国家砂带磨削与砂轮磨削的材料磨除量达到 1∶1。

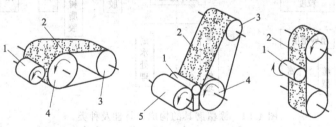

(a) 中心磨削(centred)　(b) 无心磨削(centreless)　(c) 自由磨削(free belt)

图 4.49　砂带磨削（coated abrasive belt grinding）
1—工件（workpiece）；2—砂带（belt）；3—张紧轮（tension wheel）；
4—接触轮（contact wheel）；5—调节轮（regulating wheel）

1. 砂带与涂覆磨具

砂带是一种单层磨料的涂覆磨具，图 4.50 所示为静电植砂砂带，磨粒锋利、定向竖直排布、容屑排屑空间较大并有一定的弹性，具有生产效率高、加工质量好、发热少、设备

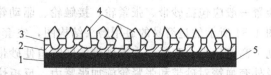

图 4.50　砂带截面图（cross section structure of abrasive belt）
1—底材（backing）；2—底胶层（make coat）；3—覆胶（size coat）；
4—磨粒（abrasive grain（grit））；5—添加剂（addative）

简单、安全性高、应用范围广等特点（常常用于磨抛曲面），拥有"冷态磨削"和"万能磨削"的美誉，即使磨削铜、铝等有色金属也不覆塞磨粒，而且干磨也不烧伤工件。

由图可见，构成砂带的三大要素是：（基体）底材、磨粒和结合剂（图中的底胶和覆胶），个别砂带还有添加剂。砂轮特性的六个性能指标中的磨料种类、粒度（号）这两个指标可以套用，其余的砂轮硬度、结合剂、组织疏密和尺寸形状都不适合于砂带磨削。砂带仅有单层磨粒，故没有硬度指标，也不需要修整。砂带磨削的材料去除机理、磨削液以及砂带的磨损规律与砂轮磨削大致相当，砂带多数情况采用干式磨削。砂带磨削的速度通常等于砂轮磨削。

涂覆磨具不像砂轮那样依靠磨具压制烧结而成，以砂带为代表的涂覆磨具还有许多不同种类，如图 4.51 所示，不同形式的涂覆磨具见图 4.52，它们都是由专业厂家生产的大尺寸的大砂带卷裁剪后制作而成的。

砂带磨削更多地采用闭环砂带，其接头形式如图 4.53 所示。

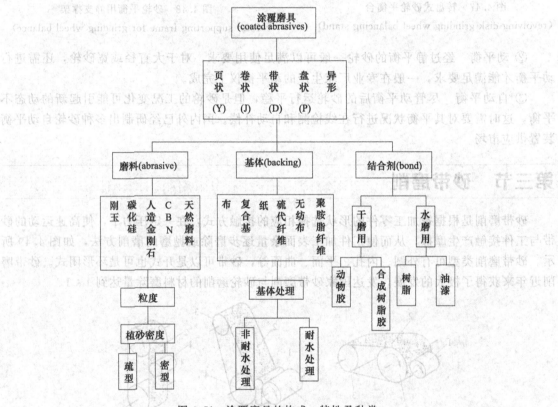

图 4.51 涂覆磨具的构成、特性及种类
(constituent, features and varities of coated abrasives)

2. 砂带磨头结构

（1）磨头结构

结合图 4.49，砂带的传动类似平带，可以有两轮、三轮甚至更多。为确保砂带正常运行，磨头装置一般应包括砂带、张紧轮、接触轮、驱动轮、砂带快换（张紧）机构、调偏机构等。

图 4.54 所示的是简易的通用磨头结构图，空套结构的接触轮和张紧轮合二为一，在砂带的带动下高速运行，张紧、支撑砂带的同时迫使砂带与工件接触抵抗工件的磨削反作用力。支撑杆及外套弹簧对砂带和张紧轮施加张紧力，反扳快换把手，弹簧压缩，可以轻松拆除或套上砂带。驱动轮与传动轴靠锥面连接并传动动力和运动给砂带。

根据砂带实际运行情况决定顺时针或逆时针拧动调偏螺钉，砂带运动不会跑偏或脱落。

图 4.52 不同形式的涂覆磨具
(various forms of coated abrasives)

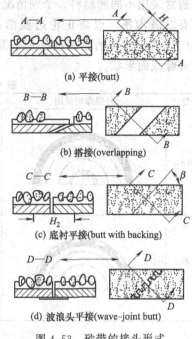

(a) 平接(butt)

(b) 搭接(overlapping)

(c) 底衬平接(butt with backing)

(d) 波浪头平接(wave-joint butt)

图 4.53 砂带的接头形式
(belt joint forms)

电动机的运动和动力通过 V 带轮、V 带传递到驱动轮轴和驱动轮,驱动轮通过砂带传递给接触(张紧)轮。

图 4.55 是内圆砂带磨削头架。

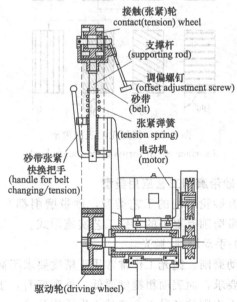

接触(张紧)轮 contact(tension) wheel

支撑杆 (supporting rod)

调偏螺钉 (offset adjustment screw)

砂带 (belt)

张紧弹簧 (tension spring)

砂带张紧/快换把手 (handle for belt changing/tension)

电动机 (motor)

驱动轮(driving wheel)

图 4.54 简易砂带磨头结构
(construct of a simple belt grinding head)

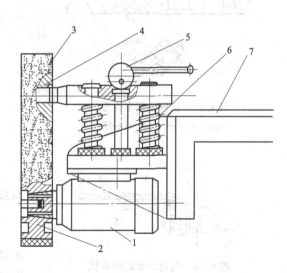

图 4.55 内圆砂带磨削头架 (internal surface grinding head)
1—电动机 (motor);2—驱动轮 (driving wheel);
3—砂带 (belt);4—接触轮 (contact wheel);
5—张紧凸轮 (tension cam);6—压缩弹簧
(press spring);7—支架 (frame)

(2) 接触轮构造

接触轮是磨头的关键零件,它影响磨削质量和效率,其基本构造如图 4.56 所示,轮毂和轮边通常采用不同的材料，个别情况采用整体材料接触轮。轮毂多为中碳钢、铸铁制作，其外表面有纵横沟槽，以防止轮边脱落；轮边多为橡胶材料，橡胶的硬度按照邵氏硬度 10～110HS 选取，轮边的轮面可以是平滑面，更多的是开槽轮面，如图 4.57 所示。表 4.12 是接触轮外缘截面形状。

表 4.12 接触轮外缘截面形状

类型	外缘截面简图	用途	类型	外缘截面简图	用途
平坦形		用于细粒度砂带精磨和抛光	齿形锯齿形		主要用于粗磨
齿形锯齿形		粗磨和精磨	金属填充橡胶	橡胶 Cu或Al	粗磨

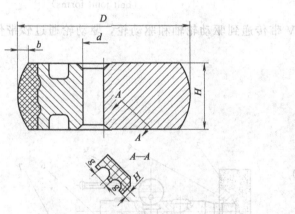

图 4.56 接触轮基本构造
(design of contact wheel)

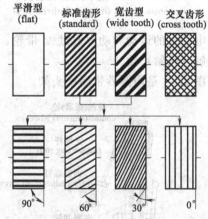

图 4.57 接触轮的表面齿形
(surface tooth forms of contact wheel)

3. 砂带磨削工艺应用类型

所有砂轮磨削的工艺类型，砂带磨削都有，而且砂带磨削有更多的特殊工艺实施形式。

（1）手动磨削/抛光

手动磨削、抛光工作常常用于精度要求不高或没有要求，而表面粗糙度要低、外观好看，工件形状不规则的各种五金产品、生活用品等。

① 手持工具　砂带重量轻，易于制成各种手枪式和手提式的小型砂带机，如图 4.58、图 4.59 所示，其动力源分为气动和电动两大类，代替锉磨、打磨焊缝或大型工件的"蚂蚁啃骨头"式的局部打磨（图 4.60）。

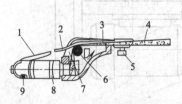

图 4.58 气动手枪式砂带机
(pneumatic pistol-hike portable belt grinder)

1—开关（switch）；2—调节杆（adjusting bar）；
3—砂带（belt）；4—接触臂（contact arm）；5—调节钮
（adjusting knob）；6—惰轮（idle wheel）；7—驱动轮
（driving wheel）；8—气动叶轮（pneumatic propel wheel）；
9—速度调节旋钮（revolution speed adjust knob）

图 4.59 手提式砂带磨削机
（portable belt grinder）

图 4.60 手枪式砂带机用于拐角、窄缝等打磨
（pistol-like belt ginder used for
corner and narrow slot grinding）

② 手持工件 在一些万能砂带磨床或通用的砂带磨头下，操作者手持中、小型异形工件，人工进给打磨或抛光加工部位，例如铜制的水龙头、花洒等卫浴产品、门把手、手术器械、外观电镀件的粗磨和精细抛光（图 4.61）。

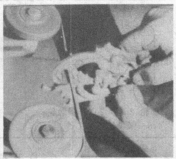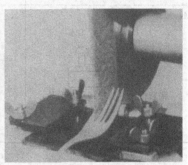

图 4.61 手持工件磨抛（manual grinding and polishing by holding workpiece）

（2）外圆磨削

砂带磨削外圆多数在专门的砂带磨削机床上进行，参考表 4.13，这里介绍几个特例。

表 4.13 砂带磨削外圆表面的不同方式和布局

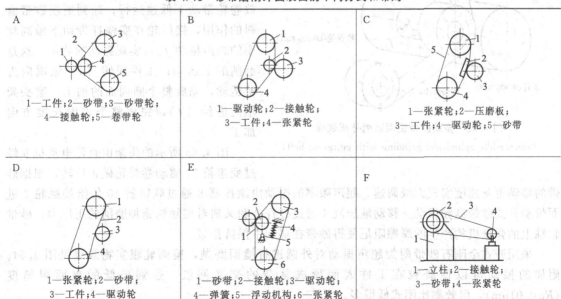

A	B	C
1—工件；2—砂带；3—砂带轮； 4—接触轮；5—卷带轮	1—驱动轮；2—接触轮； 3—工件；4—张紧轮	1—张紧轮；2—压磨板； 3—工件；4—驱动轮；5—砂带
D	E	F
1—张紧轮；2—砂带； 3—工件；4—驱动轮	1—砂带；2—接触轮；3—驱动轮； 4—弹簧；5—浮动机构；6—张紧轮	1—立柱；2—接触轮； 3—砂带；4—张紧轮

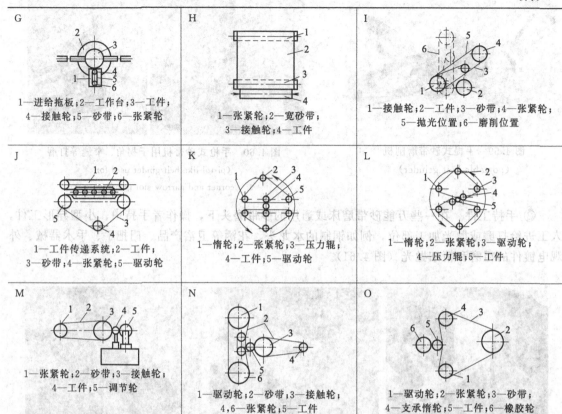

G	H	I
1—进给拖板；2—工作台；3—工件；4—接触轮；5—砂带；6—张紧轮	1—张紧轮；2—宽砂带；3—接触轮；4—工件	1—接触轮；2—工件；3—砂带；4—张紧轮；5—抛光位置；6—磨削位置
J	K	L
1—工件传递系统；2—工件；3—砂带；4—张紧轮；5—驱动轮	1—惰轮；2—张紧轮；3—压力辊；4—工件；5—驱动轮	1—惰轮；2—张紧轮；3—驱动轮；4—压力辊；5—工件
M	N	O
1—张紧轮；2—砂带；3—接触轮；4—工件；5—调节轮	1—驱动轮；2—砂带；3—接触轮；4,6—张紧轮；5—工件	1—驱动轮；2—张紧轮；3—砂带；4—支承惰轮；5—工件；6—橡胶轮

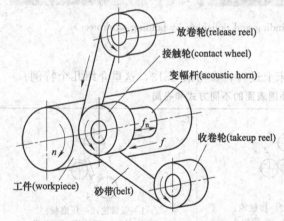

图 4.62　振动砂带镜面磨削外圆表面
（mirror-like cylindrical grinding with vibrating belt）

① 开式砂带磨头磨削镜面轧辊　将超声振动开式磨头附加在车床上完成，图 4.62 为其加工原理图，图 4.63 是开式砂带磨削头架结构图。

磨削运动原理如下：砂带在收卷轮和放卷轮带动下低速运行，起到更新砂带磨料的作用，接触轮在变幅杆带动下做高频率的超声振动 f_n，实现振动的叠加，这是磨削的主运动；工件回转（n）做周向进给运动，完成整个圆周面的加工；磨头架轴向进给（f），完成整个表面长度方向加工。

图 4.63 所示的头架由直流电动机 9 经过变速箱 11 驱动卷带轮做正反转，根据砂带的移动更新速度实现无级调速。超声频率的振动由激振器 8 通过联轴器 10 传给接触轮 2 进而带动开式砂带高频振动。移动液压缸 4 通过杠杆 3 和叉架对接触轮施加磨削的正压力。砂带轮轴上的弹簧机构产生的摩擦阻尼使得砂带在移动中保持张紧。

采用开式金刚石砂带附加超声振动对外圆进行镜面磨抛，镜面轧辊实物效果见图 4.64。附加的振动可以使磨粒在工件表面形成复杂的交叉网纹，达到极低的表面粗糙度（$Ra0.01\mu m$），但效率比闭式低得多。

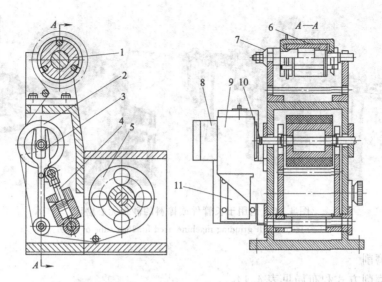

图 4.63 开式砂带磨削 (研磨) 头架 [open-loop belt grinding (lapping) head set]

1—砂带卷 (belt coil)；2—接触轮 (contact wheel)；3—杠杆 (level)；4—移动液压缸 (sliding oil cylinder)；
5—砂带收卷轮 (belt pulling wheel)；6—砂带张紧机构 (belt tension mechanism)；7—弹簧 (spring)；8—激振器 (vibrator)；
9—直流电动机 (DC motor)；10—联轴器 (shaft coupling)；11—变速箱 (gear box)

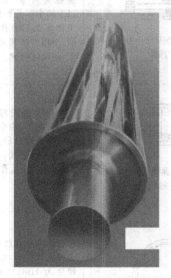

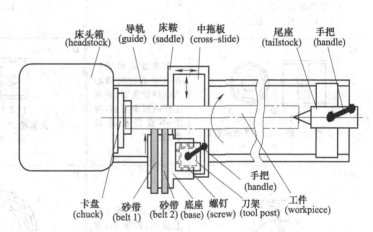

图 4.64 砂带振动研磨的镜面轧辊
(mirror-like roller machined by vibrating belt)

图 4.65 车床上实施砂带镜面磨抛外圆表面
(cylindrical mirror-like belt grinding carried on a lathe)

② 闭环砂带镜面磨抛外圆 由于砂带的进步，现在已经有 $400^\#\sim1000^\#$ 的闭式砂带直接用于 $Ra0.2\mu m$ 以下的表面的干式镜面磨削，实施非常简单方便，可在车床上进行，见图 4.65，砂带磨头像车刀一样安装在刀台上，更换不同粒度的砂带可以达到不同的加工要求，对于较长工件，还可采用双磨头方式，实现"粗精"同步进行。目前市面可供应的有刚玉类和碳化硅磨料的砂带，具有成本低廉、工序少、设备简单、效率高、镜面效果好 (Ra 可达 $0.01\sim0.05\mu m$) 等特点。

③ 砂带无心磨削 如图 4.66 所示，砂带无心磨削长型钢件、杆件除锈、除磷皮等工作具有效率高、自动化程度高、实施容易的优点，故应用十分广泛。

图 4.66 适用于长管件或棒料的砂带无心磨床
(centreless belt grinding machine used for long tube or rod)

（3）内圆磨削

常见内圆磨削方式和布局见表 4.14。

表 4.14 砂带磨削内圆表面的不同方式和布局

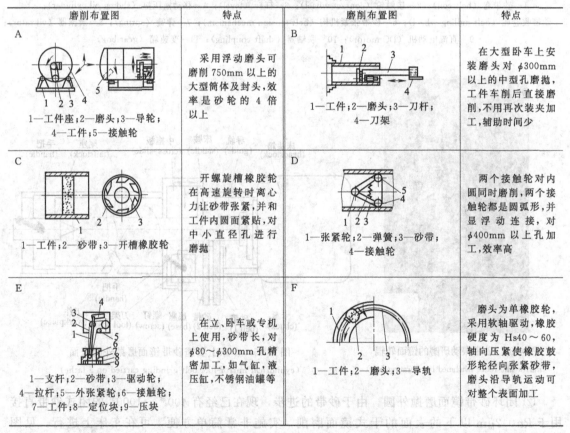

磨削布置图	特点	磨削布置图	特点
A 1—工件座；2—磨头；3—导轮； 4—工件；5—接触轮	采用浮动磨头可磨削 750mm 以上的大型筒体及封头，效率是砂轮的 4 倍以上	B 1—工件；2—磨头；3—刀杆； 4—刀架	在大型卧车上安装磨头对 ϕ300mm 以上的中型孔磨抛，工件车削后直接磨削，不用再次装夹加工，辅助时间少
C 1—工件；2—砂带；3—开槽橡胶轮	开螺旋槽橡胶轮在高速旋转时离心力让砂带张紧，并和工件内圆面紧贴，对中小直径孔进行磨抛	D 1—张紧轮；2—弹簧；3—砂带； 4—接触轮	两个接触轮对内圆同时磨削，两个接触轮都是圆弧形，并显浮动连接，对 ϕ400mm 以上孔加工，效率高
E 1—支杆；2—砂带；3—驱动轮； 4—拉杆；5—外张紧轮；6—接触轮； 7—工件；8—定位块；9—压块	在立、卧车或专机上使用，砂带长，对 ϕ80～ϕ300mm 孔精密加工，如气缸、液压缸，不锈钢油罐等	F 1—工件；2—磨头；3—导轨	磨头为单橡胶轮，采用软轴驱动，橡胶硬度为 Hs40～60，轴向压紧使橡胶鼓形轮径向张紧砂带，磨头沿导轨运动可对整个表面加工

① 磨削超大长径比的管件内表面 对直径为 ϕ20～300mm，长度大于 500mm 的管件内孔进行磨削和抛光。问题是常规工具无法到达内孔深处或工具头刚性变差，使得任务无法完成或质量无法保证。

采用柔性的砂带磨削方法如图 4.67 所示，开口砂带穿过内孔后接上接头成为闭环砂带，在驱动轮和张紧轮带动下高速运转，作为磨抛的主运动，压缩空气袋在压力空气作业下使得砂带与工件保持稳定均匀接触，并轴向移动做进给运动 (f)，工件低速回转 (n) 使得圆周得到磨抛，由于压缩空气压力稳定，磨抛均匀，而且系统性刚性与加工深度无关。也可以采用图 4.68 所示的形式和图 4.69 所示的开式砂带磨削形式。诸多内孔都可以用此方法，如塑料模具机嘴内锥孔。

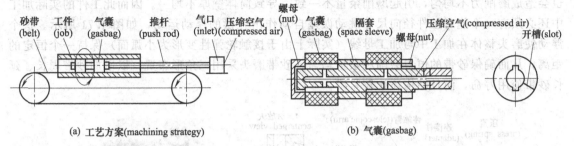

(a) 工艺方案(machining strategy)　　(b) 气囊(gasbag)

图 4.67　长管内表面磨抛及气囊结构（internal grinding and polishing for long tube and gasbag construct）

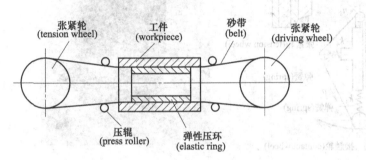

图 4.68　无接头砂带磨削内孔方案
(scheme for tube internal grinding with loop belt)

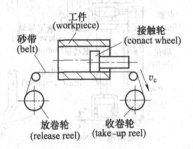

图 4.69　开式砂带磨削管件内孔
(internal grinding of tube by open belt)

② 砂带恒力磨削大型筒体内表面　大型聚酯反应釜筒体的材质为奥氏体不锈钢 1Cr18NigTi，其质量约 1.6t，属于大型工件。工件要求加工的内表面积较大，加工粗糙度值较小，为 $Ra0.1\mu m$。生产厂加工该工件的前道工序为：先把不锈钢板剪裁成三段矩形，再分别旋压成圆柱形筒体后将接口沿母线焊合，去除焊缝疤痕后再进行形状（圆度）校正，最后将三段筒体对焊成较长的筒体，并使三条直焊缝在圆周上相互错开120°。整个工件有5道焊缝连成，筒身焊合圆度误差较大，达15mm。

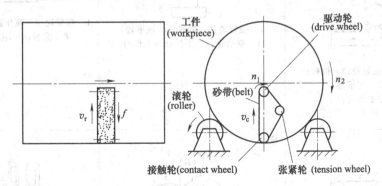

图 4.70　砂带磨削大型反应盆内表面原理图
(working principle for belt grinding of large reactor's inner face)

采用砂带磨削大型筒体的加工原理图如图 4.70 所示。驱动轮在主电动机带动下高速运转 (n_1)，带动砂带作高速磨削运动 (n_1)；工件（筒体）在托架滚轮驱动下做低速旋转 (n_2)，实现工件圆周磨削进给运动；磨头固定于伸缩臂上，伸缩臂的轴向运动带动砂带磨头做轴向自动进给运动；此外还有调整磨头对工件吃刀量的径向运动，此运动也由伸缩臂上下调整来实现。有了这四个运动，理论上能保证对工件全内表面进行磨削。但实际上由于工件圆度误差（≥15mm）的存在，虽然砂带磨头有一定弹性，也难以补偿这么大的误差值，如使能补偿，也会造成磨削力不均匀，引起磨削余量不一致，导致筒体壁厚不均一。因而此工件的实际加工中还必须有一个能对工件径向尺寸跳动误差自动作出补偿的浮动运动，如图 4.71 所示。这个浮动使磨头整体在加工中与加工母线（实际上由于接触轮弹性变形为小弧面）保持一个恒定的距离，从而确保砂带的恒力磨削和余量均匀。砂带磨头采用三角形布置，以增加砂带周长、延长砂带使用寿命，而且结构还比较紧凑。

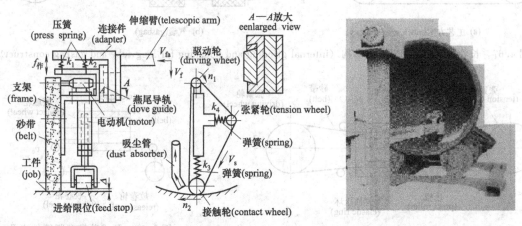

图 4.71　砂带磨头及其浮动装置（belt grinding head and the relocation device）

（4）平面磨削

砂带磨削平面的方式和布局见表 4.15。

表 4.15　砂带磨削平面的不同方式和布局

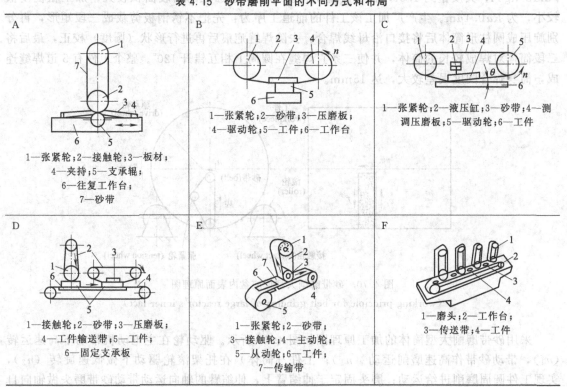

续表

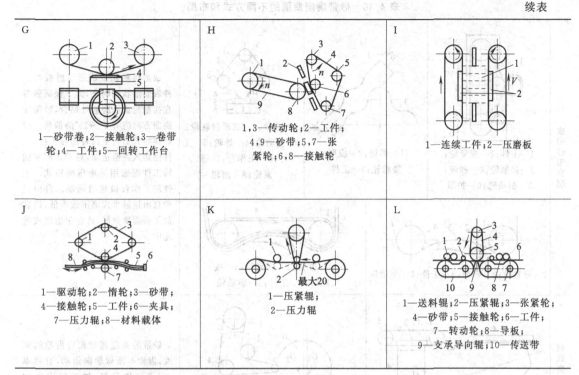

G	H	I
1—砂带卷;2—接触轮;3—卷带轮;4—工件;5—回转工作台	1,3—传动轮;2—工件;4,9—砂带;5,7—张紧轮;6,8—接触轮	1—连续工件;2—压磨板

J	K	L
1—驱动轮;2—惰轮;3—砂带;4—接触轮;5—工件;6—夹具;7—压力辊;8—材料载体	1—压紧辊;2—压力辊 最大20	1—送料辊;2—压紧辊;3—张紧轮;4—砂带;5—接触轮;6—工件;7—转动轮;8—导板;9—支承导向辊;10—传送带

图 4.72 是工作台回转的双砂带磨头的平面磨床,适合于磨削中、小型薄板、环件双面等零件。对于大型薄板,工作台采用直线往复式结构。

（5）曲面磨削

砂带磨削曲面的方式和布局见表 4.16。

① 砂带成形磨削曲面　图 4.73 所示的是砂带成形磨削曲面的原理图,工件磨削的形状由成形压磨板决定,高速运行的砂带位于压磨板和工件加工面之间,工件随升降工作台逐步上升进入磨削,逐渐磨出所需的成形表面。砂带与压磨板底部摩擦严重,一般需要垫上含有石墨、二硫化钼等固体润滑剂的减摩垫。

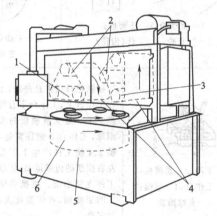

图 4.72　平面砂带磨床（flat surface grinding machine）
1—宽砂带（wide belt）;2—张紧辊（tension roller）;
3—接触辊（contact roller）;4—磨削区域（grinding area）;
5—床身（bed）;6—回转工作台（rotary table）

成形磨削还可用于图 4.74 所示的简单形状叶片精磨。

② 仿形磨削直线曲面叶片　如图 4.74 所示,分别采用窄砂带和宽砂带仿形磨削直线曲面的叶片,图 4.74（a）采用横向行距法加工,仿形块同轴布局,接触轮与球面滚轮托辊支架刚性连接,工件与仿形块同步低速回转,一次装夹可以完成内、外弧面的加工。图 4.74（b）采用宽砂带,工件在工作台上随下边的仿形块和滚轮上下起伏完成上表面的加工。

③ 数控砂带磨削叶片　对于复制曲面采用数控砂带磨削无疑是最佳的方法,图 4.74 所示方法需要三轴控制,而图 4.75 所示方法需要五轴控制。

表 4.16　砂带磨削曲面的不同方式和布局

成形砂带磨削	1—工件；2—张紧轮；3—接触轮；4—砂带；5—驱动轮；6—护罩	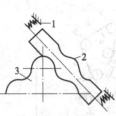　1—弹簧；2—成形接触轮；3—工件	1—砂带；2—成形接触轮；3—主动轮；4—导轮；5—工件；6—工作台；7—张紧轮；8—惰轮	成形接触轮或成形压磨板与工件表面形状相吻合，为了保证砂带在接触轮或压磨板处贴合，砂带在挠曲方向应有 7°~15° 的偏角。成形接触式适合于回转曲面工件，工件做切入进给运动，对于异形非回转工件则选用异形压磨板式。工件随工作台做进给运动。自由式和自由接触带式磨带效率低，但其加工表面质量好，适合于惰磨或抛光中
	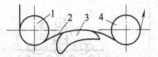　1—张紧轮；2—砂带；3—工件；4—驱动轮	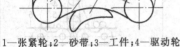　1—砂带；2—张紧轮；3—接触带；4—工件；5—驱动轮		
展成磨削法	　1—驱动轮；2—压磨板；3—张紧轮；4—工件(齿轮)		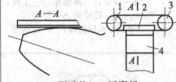　1—主动轮；2—砂带；3—张紧轮；4—支承轮；5—滚针；6—工件	砂带的宽度超过相应齿轮的宽度，齿轮不需做轴向运动，有效率高、表面质量好、加工精度高的特点。
仿形法磨削	1—工件；2—靠模板；3—工作台；4—靠模；5—支撑滚轮	接触轮只做垂直进给，工件卡在工作台上，工作台下有两个靠模 2、4、5 是支承模板的滚珠或钢球，工作台 3 做往复运动，靠模 2、4 使工件产生上下起伏及左右摇摆的仿形运动，使砂带和工件连续磨削。更换靠模可加工凹形曲面，砂带宽度大，磨削效率高	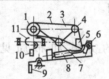　1—主动轮；2—砂带；3—支架；4—传动轮；5—靠模；6—夹具；7—导轮；8—叶片；9—平衡器；10—张力器；11—摇摆轮	采用成形接触靠模，使砂带和工件曲面相吻合。张力器通过杠杆机构使砂带始终张紧，磨削时工件叶片做仿形动运，从而加工出所需形状
数控法磨削	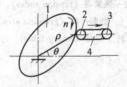 　1—惰轮；2—张紧轮；3—砂带；4—驱动轮；5—工件；6—压磨板	凸轮工件轮廓的极坐标由计算机处理，进而由数字控制工件的进给运动。接触轮或压磨板的磨头位置固定。此法加工效率高、精度好，但设备较复杂，成本高	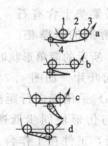　1,3—接触轮；2—砂带；4—工件	这是一种双接触轮式砂带磨削机构，利用接触轮及砂带的柔性保证砂带在磨削工件加工面与砂带保持连续接触。磨削中磨头做横向运动，工件做回转运动，以完成形面的加工。此法可磨削弧度小、各个截面形状都相同的叶片，磨削余量小、粗糙度值小，适合于精磨

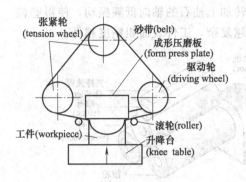

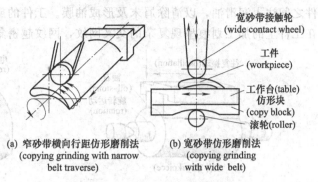

图 4.73　砂带成形磨削曲面
(form belt grinding of curve face)

图 4.74　砂带仿形磨削直线曲面叶片
(belt copying grinding of vane with straight line formed curve)

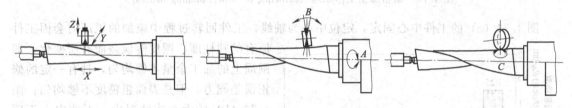

图 4.75　复杂叶片砂带磨削运动图（motions
of belt grinding complicated vane）

数字控制的运动有：工件纵向移动（X 轴），磨头的横向运动（Y 轴）及上下运动（Z 轴），工件的旋转运动（A 轴），磨头绕 Y 轴的旋转运动（B 轴）和磨头绕 Z 轴的旋转运动（C 轴）。

第四节　精（光）整加工技术

精整加工技术是指工件在一般意义上的精加工后再进行以提高精度、降低表面粗糙度为目标的去除极薄材料层的加工工艺方法。主要包括超精加工、珩磨、研磨及一些与电化学、化学、超声振动等特种加工工艺复合的工艺方法，表 4.17 是它们常规达到的质量水平。

表 4.17　不同的精（光）整加工工艺能达到的平均粗糙度

	12.5	6.3	3.2	1.6	0.80	0.40	0.20	0.10	0.05	0.025	0.012
电抛光（electropolishing）						███					
滚压（roller bumishing）						████					
珩磨（honing）					██████						
抛光（polishing）						███					
研磨（lapping）						████					
精珩磨（microhoning）							████████				

平均粗糙度（roughness average）$Ra/\mu m$

1. 超精加工

(1) 加工原理

如图 4.76 所示，超精加工是用极细磨粒 W60～W2 的低硬度油石，在一定压力下对工件表面进行加工的一种光整加工方法。加工时，装有油石条的磨头以恒定的压力（0.1～0.3MPa）轻压于工件表面。工件低速旋转（$v = 15～150\text{m/min}$），磨头做轴向进给运动（0.1～0.15mm/r），油石做轴向低频振动（频率 8～35Hz，振幅为 2～6mm），且在油石与工件之间注入润滑油，以清除屑末及形成油膜。工件的旋转加上油石的轴向低频振动，使得磨粒在工件上的加工划痕呈现复杂的交叉网纹，网纹越密集越复杂，工件表面粗糙度越低。

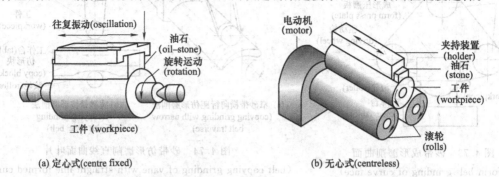

(a) 定心式 (centre fixed)　　　　　　　　(b) 无心式 (centreless)

图 4.76　超精加工工作原理 (principle of superfinishing process)

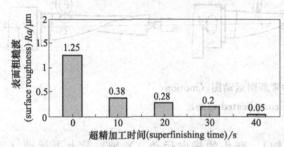

图 4.77　超精加工改变粗糙度的渐进过程
(gradual improving a rough surface by superfinishing)

图 4.76 (a) 的工件中心固定，定位中心为轴线，工件回转过程中施加的正压力会因工件原有的圆柱度、圆度等误差而有所变化，即圆周上的加工余量不够均匀，具有一定的修正误差能力，但是表面粗糙度不够均匀；图 4.76 (b) 的无心式情况中，工件中心不固定，回转靠两个滚轮驱动，运用了自为基准的原理，故其加工余量比较均匀，表面质量更好，但不能修正原有的圆度、圆柱度误差。

由图 4.77 可见超精加工改善表面粗糙度的渐进过程，由于工件回转速度慢、油石振动频率低加工效率较低，需要较长的时间从初期的切削作用逐渐过渡到后期的研磨过程才能获得准镜面的加工效果。

（2）工艺特点

超精加工的工艺特点如下。

① 设备简单，自动化程度较高，操作简便，对工人技术水平要求不高。

② 切削余量极小（$3\sim10\mu m$），加工时间短（$30\sim60s$），生产率较高。

③ 由初期切削过程过渡到研磨作用，因磨条运动轨迹复杂，加工后表面具有交叉网纹，利于储存润滑油，耐磨性好。

④ 油石有一定的浮动性，超精加工一般只能提高加工面质量（Ra 为 $0.1\sim0.008\mu m$），往往不能改善尺寸精度和形位精度。

主要用于轴类零件的外圆柱面、圆锥面和球面等的光整加工。

（3）轮式超精磨

如图 4.78 所示，顶尖装夹的工件回转（n_w），两个浮动磨轮在弹簧力作用下压向工件后，在摩擦力驱动下绕自身轴线回转（n_o），同时沿工件轴向以速度 n_f 做进给运动，由此组成磨削运动。其加工原理外观上有点类似在车床上对外圆表面的滚花工作，只是滚花是材料塑性流动。

超精磨一般在车床上拆除小刀台后安装超精磨头来完成。

（4）其他的超精加工

外圆、平面、内外球面、轴承及丝杠滚道、曲轴和凸轮轴的超精加工方案如图 4.79 所示。

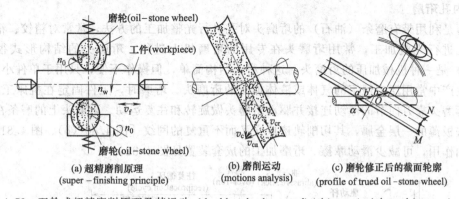

（a）超精磨削原理
(super–finishing principle)

（b）磨削运动
(motions analysis)

（c）磨轮修正后的截面轮廓
(profile of trued oil–stone wheel)

图 4.78　双轮式超精磨削原理及其运动（double wheel super-finishing principle and its motions）

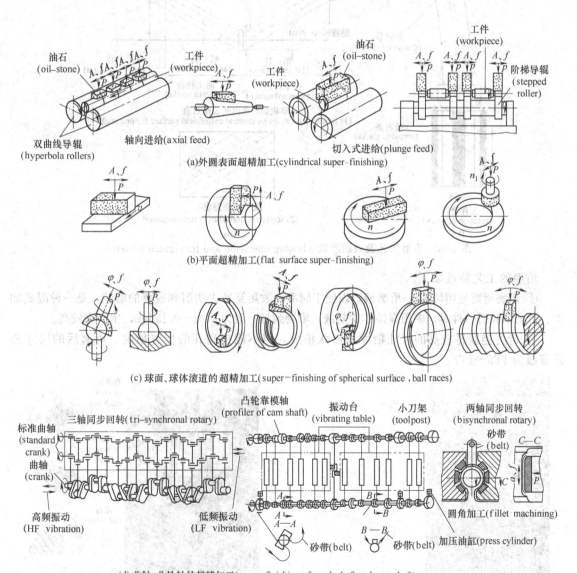

（a）外圆表面超精加工(cylindrical super-finishing)

（b）平面超精加工(flat surface super-finishing)

（c）球面、球体滚道的超精加工(super–finishing of spherical surface，ball races)

（d）曲轴、凸轮轴的超精加工(super-finishing of crank shaft and cam shaft)

图 4.79　超精加工的应用类别（various types of super-finishing applications）

2. 内孔珩磨

珩磨是利用带有磨条（油石）的珩磨头对孔进行光整加工的方法，常常对精铰、精镗或精磨过的孔进行光整加工，常用珩磨头在专用的珩磨机上进行。珩磨头的结构形式很多，图4.80（a）是一种机械加压的珩磨头。这种磨头结构简单，但操作不便，只用于单件小批生产。大批量生产中常用压力恒定的气体或液体加压的珩磨头。珩磨时，工件固定在机床工作台上，主轴与珩磨头靠万向节的浮动连接并驱动珩磨头做旋转和往复运动。珩磨头上的磨条在孔的表面上切去极薄的一层金属，其切削轨迹成交叉而不重复的网纹［图4.80（b）、图4.81］，有挂油、储油作用，可减少滑动摩擦。珩磨加工的成套装置见图4.82。

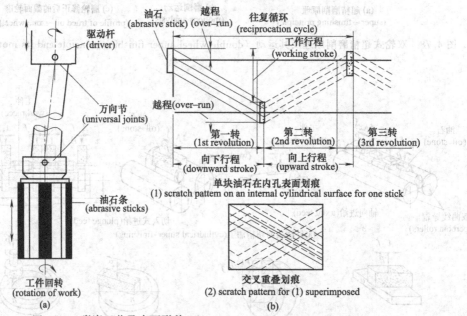

图 4.80　珩磨工艺及表面形貌 （honing operation and its scratch pattern）

珩磨的工艺特点如下。

① 珩磨时要使用切削液-珩磨液，以便于润滑、散热及冲去切屑和脱落的磨粒，是一种湿式加工。珩磨钢和铸铁件时，多用煤油作切削液。珩磨余量一般为0.02～0.15mm，生产率较高。

② 珩磨能获得较高的尺寸精度和形状精度，但不能提高孔的位置精度。珩磨后的尺寸公差等级为IT5～IT7。

图 4.81　珩磨形成的交叉网纹 （crossed scratch by honing）

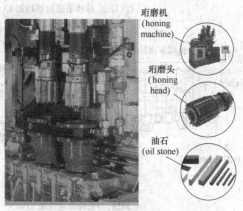

图 4.82　油石、珩磨头、珩磨机及缸体珩磨加工 （oilstone, honing head, and honing machine used in cylinder machining）

③ 珩磨能获得较高的表面质量，表面粗糙度 Ra 为 $0.4\sim0.012\mu m$，珩磨表面金属变质层极薄。

④ 珩磨主要用于精密孔的最终加工工序，能加工直径 $\phi15\sim500mm$ 或更大的孔，并可加工深径比大于 10 的深孔。

⑤ 珩磨适于大批大量生产，也适于单件小批量生产。

⑥ 珩磨可加工铸铁件、淬火和不淬火钢件以及青铜件等，但珩磨不宜加工塑性较大的有色金属，也不能加工带键槽孔、花键孔等断续表面。

珩磨孔广泛用于大批量生产中，如汽车、摩托车发动机、内燃机的气缸、液压装置的液压缸孔等。单件小批生产可在立式钻床或改装的简易设备上利用珩磨头进行珩磨。

3. 研磨、抛光

研磨一般在磨削之后进行，研磨后的尺寸精度可达 IT3～IT5，表面粗糙度 Ra 可达 $0.1\sim0.008\mu m$，直线度可达 $0.005mm/m$。

研磨抛光的工艺类别繁多，但整体可以分为两大类，即（弹性）固结研具研磨抛光和游离磨粒研抛。

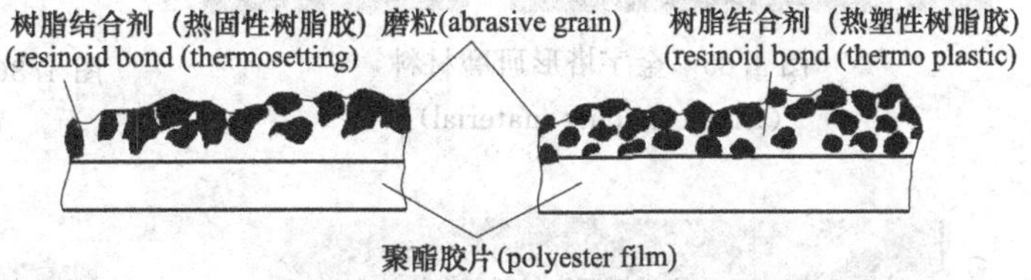

（1）（弹性）固结研具研磨、抛光

① 磨粒胶片研磨　如图 4.83 所示，用树脂结合剂将 W0.5～W20 的微粉磨料粘接在 $100\mu m$ 聚

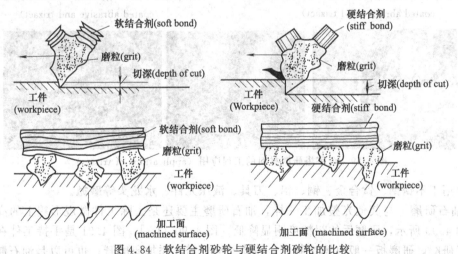

图 4.83　磨料胶片的组织构成
(constituent of abrasive polyster film)

酯胶片上，背部施加压力既可研磨，其磨粒比游离磨料锋利，参与接触研磨的磨粒数量多，故效率高，清洁省力，易于自动化和标准化。多用于磁头、磁盘基片、曲轴、塑料透镜等的研磨。

② 液体结合剂砂轮研磨　液体结合剂是一种表面张力和附着力强的软结合剂，因此液体结合剂砂轮是一种弹性的软体砂轮，是一种高效的研具，除了研磨面外，砂轮四周用罩壳封闭，其优点是适应性强研磨压力大、磨粒速度高，效率是铸铁研具的 4 倍以上。广泛应用于脆硬材料和软质材料的镜面加工。

图 4.84　软结合剂砂轮与硬结合剂砂轮的比较
(comparison between soft bonded abrasive wheel and stiff bonded abrasive wheel)

③ 金字塔砂带研磨　图 4.85 是金字塔形研磨材料，其三维立体结构包含了多层研磨材料，塔顶的材料磨损后，下一层的材料便露出参与研磨，继续维持其研磨能力，并保持表面粗糙度的均匀性。传统涂覆磨具与金字塔磨具的比较见图 4.86。两者的切削力比较、粗糙度比较见图 4.87、图 4.88。图 4.89 是实际应用情况。

(a) 传统涂覆磨具仅有一层磨粒(traditional coated abrasive with a single layer of abrasive grit)

(b) 金字塔磨具具有多层磨粒(trizact abrasive with multiply layers of abrasive grit)

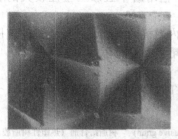

图 4.85 金字塔形研磨材料
(trizact lapping material)

图 4.86 传统涂覆磨具与金字塔磨具的比较
(comparison between traditional coated abrasive and trizact)

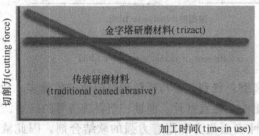

图 4.87 传统涂覆磨具与金字塔磨具的切削力比较
(comparison of cutting force between traditional coated abrasive and trizact)

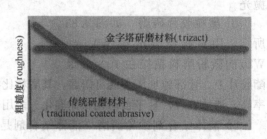

图 4.88 传统涂覆磨具与金字塔磨具获得的粗糙度比较
(comparison of roughness achieved by traditional coated abrasive and trizact)

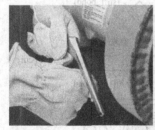

图 4.89 金字塔研磨材料的工程应用 (applications of trizact)

主要用于不锈钢、钛合金、铜、铝、刀具、液压元件、水龙头等磨抛。

④ 油石研磨　与其他光整加工一样，油石研磨主要还是去除工件微观形貌上的高点或尖峰，如图 4.90 所示，研磨后的粗糙度明显降低 [图 4.90 (b)]。图 4.91 是手持工件在研磨板上的手工研磨，研磨板一般由铸铁制成，铸铁研磨板需要添加研磨膏；也可以是油石制成，则不需要研磨膏。这种研磨的工件平面度较高。

⑤ 弹性聚氨酯/尼龙砂轮研抛　将磨料均匀混合在聚氨酯材料里，磨具中发泡形成不同形状、规格的弹性砂轮或砂块、砂瓦。另一类就是采用高韧性的尼龙类材料、磨粒和特殊粘接剂结合而成。这类磨具运行平稳、无噪声、散热快，属于冷态磨抛。图 4.92 (a) 所示的是弹性研磨作用原理，砂轮具有良好的弹性，其强制去除材料的能力弱，但研抛作用明显，砂轮的伸缩性大 [图 4.92 (b)]、适应性极好，特别适合于不规整曲面的磨抛。

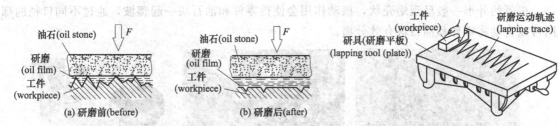

图 4.90 油石研磨前后的比较
(comparison of before and after lapping by oil stone)

图 4.91 手工研磨 （manual lapping）

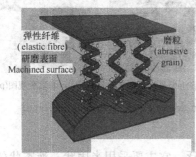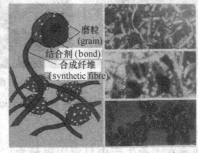

(a) 弹性研磨原理(elastic lapping principle) (b) 开放式网状结(open loop web structure)

(c) 把手研抛(handle lapping) (d) 旋钮研抛(knob lapping) (e) 喷嘴研抛(nozzle)

图 4.92 尼龙弹性砂轮研抛 （lapping and polishing of elastic nylon wheel）

另一类就是制成平板型加工，有的称为"工业百洁布"，用于手工磨抛木材或往复振动磨抛不锈钢等，见图 4.93。

图 4.93 工业百洁布的应用 （application of industrial cleaning cloth）

弹性磨具用于化学机械抛光如图 4.94 所示，化学作用在工件表面形成钝化膜，保护工件不再去除材料，软磨具首先接触高点表面磨除氧化膜，得到活化继续化学溶解，而低处的材料仍被氧化膜保护，这样只有高出材料被去除，容易达到整体均平。

⑥ 振动研磨、去毛刺　对于一些数量大、体积小、形状不规整的零件，单个去除毛刺或表面光饰处理费工费时，可采用图 4.95 所示的离心式振动研磨抛光机，将零件和形状、大小不一的油石块混合，在振动作用下产生油石块与零件间的摩擦、挤压、刻划，从而去除毛刺和表面尖峰。

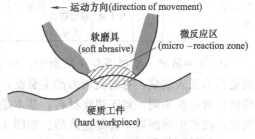

图 4.94 弹性磨具用于化学机械抛光
(elastic abrasive used in CMP)

　　机器的外形一般呈现蜗壳状，振动作用会使得零件和油石块一起爬坡，通过不同口径的筛网可以自动将零件和油石块有效分离。

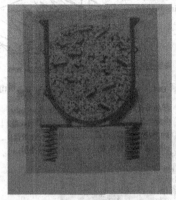  

(a) 振动去毛刺机(vibration deburring machine)　(b) 油石与工件混合(mix oil−stone with jobs)　(c) 机器外观图(perspective)

图 4.95　振动抛光去毛刺机（vibration deburring and polishing machine）

（2）游离磨粒研磨、抛光

　　游离磨粒研磨在工业生产中目前用得最为广泛，它主要采用半固状、液态状的研磨膏作为磨具，在抛光轮的驱动下高速运转磨除表面的尖峰、划痕和毛刺等。去除的材料极少，以改变表面粗糙度为主，基本不改变原有尺寸、形状和位置精度。常用研磨膏及其配方、用途见表 4.18。

表 4.18　常用研磨膏及其配方、用途

刚玉研磨膏						碳化硅、碳化硼研磨膏			人造金刚石研磨膏		
粒度	成分配比/%				用途	名称	成分配比/%	用途	粒度	颜色	加工表面粗糙度 Ra/μm
	微粉	混合脂	油酸	其他							
W20	52	26	20	硫化油2或煤油少许	粗研	碳化硅	碳化硅(240#~W40)83 黄油17	粗研	W14	青莲	0.16~0.32
W14	46	28	26	煤油少许	半精研、研窄长面	碳化硼	碳化硼(W20)65 石蜡35	半精研	W10	蓝	0.08~0.32
									W7	玫瑰红	0.08~0.016
W10	42	30	28	煤油少许	半精研	碳化硼	碳化硼(W7~W1)76、石蜡12，羊油10、松节油2	精细研	W5	橘黄	0.04~0.08
W7	41	31	28	煤油少许	精研、研端面				W3.5	草绿	0.04~0.08
W5	40	32	28	煤油少许	精研				W2.5	橘红	0.02~0.04
W3.5	40	26	26	凡士林8	精细研	混合研磨膏	碳化硼(W20)35、白刚玉(W20~W10)与混合脂15、油酸35	半精研	W1.5	天蓝	0.01~0.02
W1.5	25	35	30	凡士林10	精细研、抛光				W1	棕	0.008~0.012
									W0.5	中蓝	≤0.01

　　① 平面研磨　游离磨粒在研磨中，由于其尺寸和所处位置不同，有点滚动、点滑移，有的受压力嵌入划痕，有的受压力产生裂纹，由于磨粒运动的复杂性，对于不同材料，游离磨粒研磨机理有所不同，对于塑性材料，基本是以切削、摩擦划痕去除材料形成磨屑，由于磨粒非固定，故产生的磨屑不会是连续的。如图 4.96 所示，对于脆性材料，一方面有嵌入磨粒的滚动、滑动产生切削、摩擦划痕形成磨屑；另一方面，受压力的磨粒使工件产生细微裂纹，并随后续的挤压、滑擦等作用使得裂纹扩展形成颗粒脱落，变成磨屑。

为了提高效率，通常采用双面研磨机结构，如图 4.97 所示，工件在夹具里可以上下浮动，不需紧固。上、下研磨板的运转方向相反，利于工件受力。研磨膏从上研磨板的轴向孔进入研磨紧固区域。为了使得磨粒研磨的划痕轨迹形成复杂的交叉网纹，降低表面粗糙度，通常常用行星式运动方式（图 4.98），使得工件自转时又公转。

平面研磨主要用来加工小型精密平板、直尺、块规以及其他精密零件的平面。单件小批量生产中常用手工研磨，大批量生产则常用机器研磨。

② 外圆表面研磨 如图 4.99 是外圆研磨示意图，对于小型的工件，如滚针、细小销钉等，常用上、下研磨板正反双向移动并加入研磨膏对外圆表面研磨。装置简单、操作容易。

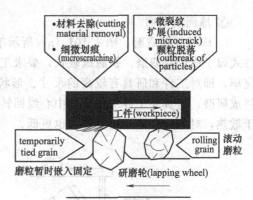

图 4.96 研磨材料去除机理 （material removal mechanism for lapping）

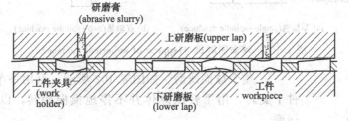

图 4.97 双面研磨加工的工件位置 （position of the workpiece during doubl-sided abrasive machining）

图 4.98 行星式固定板双面研磨机 （planetary fixed-plate double face lapping for flat surface）

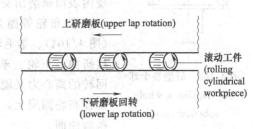

图 4.99 外圆研磨方法 （cylindrical lapping method）

对于大尺寸工件，外圆表面研磨常用图 4.100 所示的方法，即在车床或外圆磨床上将工件用顶尖配合鸡心夹头夹持并机动回转，加热研磨膏后，手持研具做往复轴向移动，工件表面便可形成交叉网纹。旋转调节螺钉可调节开口研磨环的松紧。

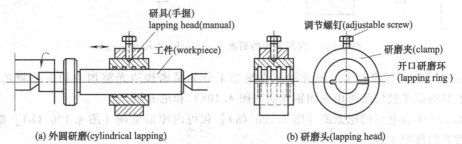

(a) 外圆研磨（cylindrical lapping）　　　　(b) 研磨头（lapping head）

图 4.100 大尺寸外圆表面研磨 （cylindrical lapping of large job）

③ 球面的研磨

a. 球冠表面研磨。图 4.101 (a) 所示单轴机为工件静止，研具绕工件中心轴回转，这种方式属于成形法研磨。接触线较长，要求工件原始表面与研具吻合，否则难以将整个表面研磨完毕，即对工件和研具有较高的尺寸、形状精度要求。图 4.101 (b) 所示的双轴机情况属于展成研磨，研具和工件绕各自的中心线回转，就可实现整个球冠表面研磨。其接触线较短，便于散热，对原始球面的精度要求也更低。

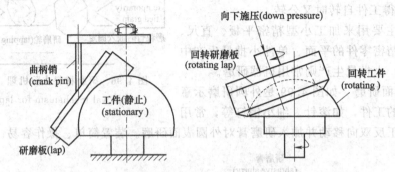

(a) 单轴机(single－spindle machine)　　(b) 双轴机(two－spindle machine)

图 4.101　球面研磨机 (lapping of spherical surface)

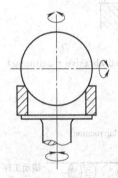

图 4.102　研磨整个球面 (lapping a whole spherical face)

b. 整个球面研磨。如图 4.102 所示，可用一个筒形研具垫在工件下旋转，用手轻压球体并不停地换向旋转，以实现整个球面的研磨。

④ 内圆表面研磨　如图 4.103，内圆表面的研磨采用外表面开槽的开口内锥套作为研具，研具随主轴回转，手握工件往复移动实现内表面研磨出交叉网纹。

⑤ 布轮等抛光　在生产实际工作中，很多场合采用抛光布轮 (图 4.104)、羊毛轮、毡轮等加上研磨膏后高速回转对工件表面直接研抛，布轮、羊毛轮较软，能很好地适应各种复杂曲面、拐角，回转的离心力又能使其向加工表面施加研磨压力。还有的是将砂带套在布轮圆周上，在离心力的作用下将砂带张紧，利于精细砂带来抛磨曲面。

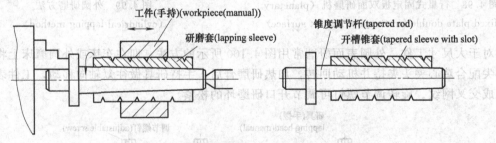

图 4.103　内圆表面的研磨 (internal suface lapping)

⑥ 刷光表面的光整加工　刷光表面光整加工分为精密棱边光整加工和去毛刺光整加工。用于去毛刺的刷子视情况可用采用钢丝刷 (图 4.105) 和尼龙刷。

图 4.106 中含磨料的尼龙刷 [图 4.106 (a)] 和可内库斯毛刷 [图 4.106 (b)] 都是弹性好、柔性高的研磨工具。

尼龙刷由含刚玉或碳化硅 (质量分数为 25%，粒度在 W40 以下) 的磨料与尼龙丝 (直径

图 4.104 抛光布轮
(polishing cloth wheel)

图 4.105 用于去毛刺的各种钢丝刷
(wire brushes used for deburring)

$\phi 0.45 \sim 1$ mm、熔点 $25 \sim 250$℃）制成。

可内库斯毛刷含质量分数为 $4\% \sim 50\%$ 的 W5 以下的刚玉或碳化硅或超硬磨料的磨料，其丝挺拔，不易软化，直径为 $\phi 0.3 \sim 1.7$ mm，熔点为 430°。丝径截面有正方形、矩形、椭圆和梯形。图 4.106（b）所示的球头刷广泛应用于发动机缸体，可在较长时间内保持磨粒锋利。

图 4.106（c）所示的杯型刷多用于加工环状零件的端面。

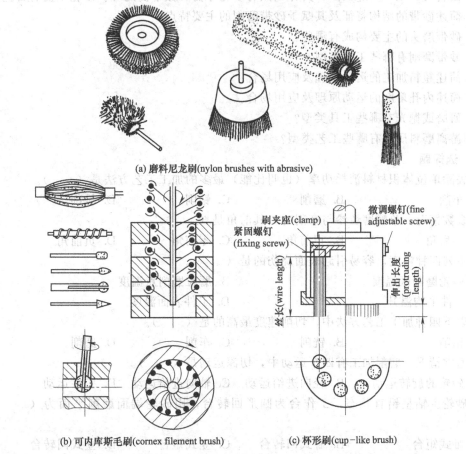

(a) 磨料尼龙刷(nylon brushes with abrasive)

(b) 可内库斯毛刷(cornex filement brush)   (c) 杯形刷(cup-like brush)

图 4.106 用于去毛刺和抛光的各类毛刷（brush used in deburring or polishing）

习题

一、简答题

1. 磨削加工工件材料变形有哪三个阶段？

2. 磨削加工塑性材料和脆性材料的去除机理有何差异？

3. 磨削温度对加工表面有何影响？

4. 简述磨削加工的工艺特点。

5. 常用磨具有哪两大类？砂轮、砂带各自属于哪一类型？

6. 构成砂轮的三大要素是什么？

7. 决定砂轮特性的六大要素（基本参数）是什么？

8. 磨料有哪些种类及细类？

9. 对于磨粒和磨粉（微粉），其各自的粒度号数字（目数）的大小对于磨粒实际尺寸表征有何差异？

10. 砂轮的结合剂有哪些？

11. 根据加工表面特点，砂轮磨削分为哪些类型？

12. 组合磨削常常用于有哪些特殊技术要求的场合？

13. 砂轮修整有何作用？采用哪些工具来修整砂轮？

14. 回转刀（工）具那么多，为什么只有砂轮才需要做平衡处理？砂轮平衡有哪些方法？

15. 简述砂带的结构特征及其赋予砂带磨削的主要特点。

16. 砂带磨头的主要构成有哪些？

17. 砂带磨削有哪些工艺类型？

18. 简述超精加工的运动原理及应用场合。

19. 简述内孔珩磨的运动原理及应用场合。

20. 研磨或抛光有哪些工具类型？

21. 游离磨料研磨有哪些工艺类型？

二、选择题

1. 去除单位体积材料消耗功率（也叫比能）最多的加工工艺方法是（　　）。

A. 车削　　　　B. 磨削　　　　C. 钻削　　　　D. 铣削

2. 多数情况，单颗磨粒参与磨削时，其前角是（　　）。

A. 零后角　　　B. 正前角　　　C. 零前角　　　D. 负前角

3. 下列四种温度，容易引起表面烧伤的是（　　）。

A. 砂轮磨削区温度　　　　　　　B. 磨粒磨削点温度

C. 工件平均温升　　　　　　　　D. 工件表面温度

4. 以下四种加工工艺方法中，切削速度最高的是（　　）。

A. 钻削　　　　B. 铣削　　　　C. 车削　　　　D. 磨削

5. 通常情况，磨削加工有四个运动中，切深运动是（　　）。

A. 砂轮的旋转运动　　B. 径向进给运动　　C. 轴向进给运动　　D. 工件运动

6. 砂轮主轴呈铅直状态，工作台为圆形回转台，用砂轮端面磨削平面为（　　）磨削方式。

A. 卧式矩台　　　B. 卧式回转台　　　C. 立式矩台　　　D. 立式回转台

7. 下列四种结合剂的砂轮价格低廉、应用最广的是（　　）。

A. 陶瓷结合剂　　　　B. 树脂结合剂　　C. 橡胶结合剂　　D. 金属结合剂

8. 砂轮上磨粒受磨削力作用后，自砂轮表层脱落的难易程度称为砂轮的（　　）。

A. 粒度　　　　　　B. 硬度　　　　C. 组织　　　　D. 强度

9. 下面哪种特性能反映磨粒在砂轮中占有的体积百分数大小（　　）。

A. 磨粒　　　　　　B. 结合剂　　　　C. 组织　　　　D. 粒度

10. 砂轮的粒度表示磨料（　　）。

A. 颗粒的多少　　　　　　　　B. 颗粒尺寸的大小

C. 颗粒的锐利程度　　　　　　D. 颗粒的硬度

11. 砂轮上磨粒受磨削力作用后，自砂轮表层脱落的难易程度称为砂轮的（　　）。

A. 粒度　　　　　　B. 硬度　　　　C. 组织　　　　D. 强度

12. 下列四种代号中表示磨料为黑色碳化硅的是（　　）。

A. A 或 GZ　　　　B. WA 或 GB　　C. C 或 TH　　D. GC 或 TL

13. 磨削速度通常采用以下单位（　　）表示。

A. m/min　　　　　B. m/s　　　　　C. mm/min　　D. km/min

14. 砂轮磨削的各个分力中，最大的是（　　）。

A. 切向力　　　　　B. 轴向力　　　　C. 法向力　　　D. 重力

15. 磨削中，消耗功率最大的分力是（　　）。

A. 重力　　　　　　B. 轴向力　　　　C. 法向力　　　D. 切向力

16. 砂轮的轴向进给量 f_a（　　）砂轮的宽度 B 时，工件表面将被重叠切削，而被磨次数越多，工件表面粗糙度值就越小。

A. 等于　　　　　　B. 大于　　　　C. 小于　　　　D. 不定

17. 铜、铝等有色金属或石棉等可以采用（　　）来实现磨削。

A. 砂轮　　　　　　B. 砂带　　　　C. 研磨膏　　　D. 金相砂纸

18. 砂带磨削动力的传动采用了（　　）使得砂带获得高速运行的速度。

A. 摩擦传动　　　　B. 啮合传动　　　C. 液压传统　　D. 气压传动

19. 砂带的更换主要靠（　　）来实现。

A. 导向机构　　　　B. 调偏机构　　　C. 平衡机构　　D. 张紧/快换机构

20. 砂带的防止跑偏运动主要靠（　　）来调节。

A. 张紧/快换机构　　B. 调偏机构　　　C. 平衡机构　　D. 导向机构

21. 有的砂带磨头采用橡胶接触轮，其硬度的衡量采用（　　）来表示。

A. HRC　　　　　　B. HB　　　　　C. HS　　　　　D. HW

三、填空题

1. 磨削用量四要素是磨削速度、径向进给量、轴向进给量和_____。

2. 磨削的三个分力中，_____力值最大。

3. 磨削表面质量包括：磨削表面粗糙度、_____表层残余应力和磨削裂纹。

4. 为降低磨削表面粗糙度，应采用粒度号_____的砂轮。

5. 磨削常用于淬硬钢等坚硬材料的_____加工。

6. 磨削高速钢钻头，常选用磨料为_____的砂轮。

7. 砂轮_____大，表示磨粒难以脱落。

8. 表示砂轮中磨料、结合剂、气孔三者间比例关系的是砂轮的_____。

9. 磨削硬度较低的材料，最好采用组织_____的砂轮。

10. 最常用的四类磨料分别是白刚玉、_____、_____和绿碳化硅。

11. 两大超硬磨料分别是＿＿＿＿＿和＿＿＿＿＿。

12. 为降低磨削表面粗糙度，应采用粒度号＿＿＿＿＿的砂轮。

13. 砂轮构成的三要素是磨粒、＿＿＿＿＿和孔隙。

14. 总体上，磨具可以分为两大类，即固结磨具和＿＿＿＿＿。

15. 磨削加工工件材料变形通常分为三个阶段，即＿＿＿＿＿、＿＿＿＿＿和切削。

16. 当磨削结束，停止径向进给，砂轮再多次轴向进给，磨削深度逐渐趋于零，这个阶段叫做＿＿＿＿＿。

17. 磨削脆性材料的磨屑形成是＿＿＿＿＿和准塑性切削综合作用的结果。

18. 由于磨削时产生高温，使工件加工表面的金属组织发生相变，其硬度和塑性等发生变化，这种表层变质的现象称为＿＿＿＿＿。

19. 如果砂轮磨削烧伤的表面呈黄褐色或黑色，它是工件表面在高温下形成的氧化膜，它属于＿＿＿＿＿。

20. 如果砂轮磨削工件表面变软，随后被工件深处较冷的基体淬硬而得到马氏体硬层，这种情况属于＿＿＿＿＿烧伤。

21. 磨粒破碎或脱落，露出新的棱角或磨粒，这叫＿＿＿＿＿，也叫＿＿＿＿＿。

22. 砂轮磨损分为三个阶段：较快的＿＿＿＿＿、稳定而慢速的＿＿＿＿＿和耐用度结束时的＿＿＿＿＿。

23. 脆性材料一般不用磨削液，用＿＿＿＿＿收集磨屑粉尘，如：铸铁、青铜。

24. 粒度号是指磨粒刚好能通过的筛网每英寸长度上（25.4mm）上的孔眼数，即＿＿＿＿＿。

25. PSA350×40×75WA60K5B40 是指：双面凹、外径350、宽度40、内径75、＿＿＿＿＿、＿＿＿＿＿目、硬度中软、中等组织、树脂结合剂，切削速度为40m/s。

26. 电镀金属结合剂砂轮多用于＿＿＿＿＿磨料砂轮。

27. 中心外圆磨削的工件一般常用＿＿＿＿＿来驱动回转，定心靠刀尖来实现。

28. 无心外圆磨削工件的驱动是依赖与工件呈现α₁交叉角调节轮的＿＿＿＿＿面与工件呈现直线接触的摩擦传动。

29. 砂轮线速度提高到＿＿＿＿＿m/s 以上时即称为高速磨削。

30. 砂轮修整常用的修整工具有：＿＿＿＿＿、＿＿＿＿＿和刷新用的＿＿＿＿＿。

31. 砂带是一种＿＿＿＿＿层磨料的涂覆磨具，采用＿＿＿＿＿植砂的砂带具有磨粒锋利、定向竖直排布、容屑排屑空间较大并有一定的弹性。

32. 砂带磨削有"冷态磨削"和"万能磨削"的美誉，即使磨削＿＿＿＿＿等有色金属也不覆塞磨粒，而且干磨也不烧伤工件。

33. 砂带的三大构成要素是＿＿＿＿＿、＿＿＿＿＿和＿＿＿＿＿。

34. 手动砂带磨削/抛光分为手持＿＿＿＿＿和＿＿＿＿＿两类。

35. 开式砂带磨头磨削镜面轧辊的主运动是＿＿＿＿＿。

36. 珩磨是利用带有＿＿＿＿＿的珩磨头对孔进行光整加工的方法，常常对精铰、精镗或精磨过的孔进行光整加工。

37. 主轴与珩磨头靠万向节实现＿＿＿＿＿连接并驱动珩磨头做旋转和往复运动。

38. 珩磨头上的磨条在孔的表面上切去极薄的一层金属，其切削轨迹成＿＿＿＿＿的网纹，具有挂油、储油的作用。

39. 研磨抛光大致可以分为两大类，即（弹性）＿＿＿＿＿和＿＿＿＿＿磨粒研抛。

40. 超精加工的主运动是＿＿＿＿＿。

四、判断题

1. 无心磨削还可以磨削外圆锥面。 （　　）
2. 粒度号数字越大，砂轮越细，如 120# 比 60# 更细。 （　　）
3. 砂轮的硬度就是指磨料（或磨粒）的坚硬程度。 （　　）
4. 成形磨削的关键在于砂轮的修整。 （　　）
5. 无心磨削特别适合于加工细长的工件。 （　　）
6. 无心磨削中，工件的自动回转和轴向进给移动靠的是导轮的驱动。 （　　）
7. M1432 外圆磨床除了磨削外圆，还可以磨削一定尺寸的内孔。 （　　）
8. 磨削中温度最高的部位是砂轮磨削区。 （　　）
9. 磨削裂纹与表面烧伤是相联系的。 （　　）
10. 磨削用量中，磨削深度 a_p 对表面粗糙度影响最大。 （　　）
11. 磨削硬质合金车刀，常选用磨料为棕刚玉的砂轮。 （　　）
12. 砂轮的粒度表示磨料颗粒尺寸的大小。 （　　）
13. 陶瓷结合剂的砂轮，脆性大，不宜制作切断砂轮。 （　　）
14. 砂轮磨料硬度越高，则砂轮硬度越高。 （　　）
15. W20 比 W5 的磨料更细。 （　　）
16. 组合磨削不仅可以提高加工效率，更重要的是它可以确保各加工面的位置精度。 （　　）
17. 磨削小钢球一般不需要夹持工件。 （　　）
18. 无心磨削适合于加工带键槽或孔的工件。 （　　）
19. 砂轮磨料硬度越高，则砂轮硬度越高。 （　　）
20. 无心磨削的砂轮速度远低于调节轮（导轮）速度。 （　　）
21. 生产中，人们可以采用外圆磨削的普通圆柱形砂轮的端面来实施平面磨削。 （　　）
22. 缓进给大切深高效磨削是一种高效强力磨削方法。 （　　）
23. 砂带磨削的安全性高于砂轮磨削。 （　　）
24. 砂带磨削的效率远低于砂轮磨削。 （　　）
25. 砂带的磨粒分布杂乱无章，东歪西倒，而砂轮的磨粒呈现定向直立排布。 （　　）
26. 与砂轮一样，砂带也可以通过修整来恢复其磨粒的锋利性。 （　　）
27. 带有动力的砂带磨头可以像车刀一样安装在刀台上，从而可将车床变成磨床。 （　　）
28. 总体上，砂带的使用成本会比砂轮高。 （　　）
29. 珩磨能获得较高的尺寸精度和形状精度，还能提高孔的位置精度。 （　　）
30. 金字塔（trizact）砂带也只有单层磨料。 （　　）

第五章

各类刀具及其应用

第一节　手动工具

1. 锻打工具

各种锻打工具如图 5.1～图 5.7 所示。

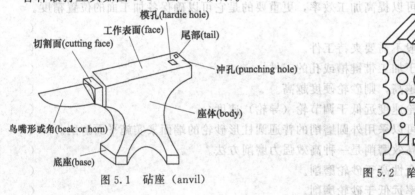

图 5.1　砧座 （anvil）

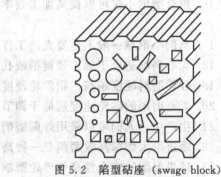

图 5.2　陷型砧座 （swage block）

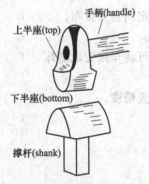

图 5.3　套柄铁锤 （fuller）

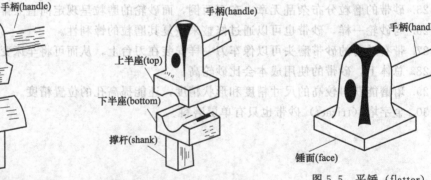

图 5.4　旋锻工具 （swage）

图 5.5　平锤 （flatter）

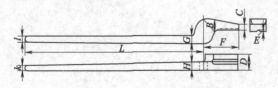

图 5.6　平口夹钳 （flat-jawed tong）

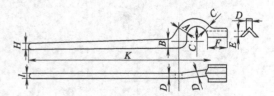

图 5.7　鹅颈夹钳 （goose-neck tong）

2. 升举工具

升举工具如图5.8、图5.9所示。

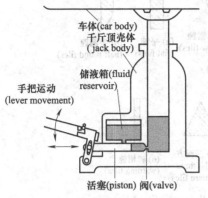

图 5.8 液压千斤顶 (hydraulic jack)

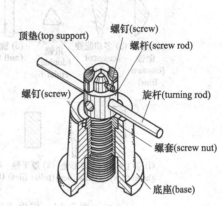

图 5.9 螺旋千斤顶 (screw jack)

3. 钳工工具

钳工工具如图5.10~图5.13所示，铣锉或锯锉种类如图5.14所示，常见钳工操作方法如图5.15~图5.20所示。

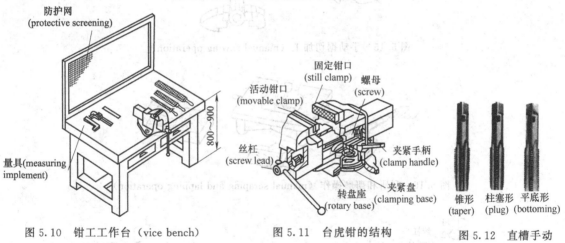

图 5.10 钳工工作台 (vice bench)

图 5.11 台虎钳的结构
(structure of a vice)

图 5.12 直槽手动丝锥 (stralght flute hand tap)

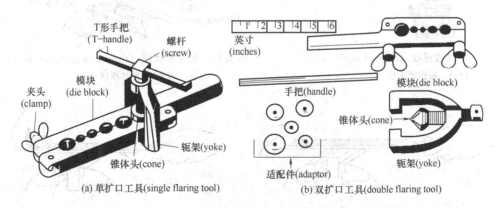

(a) 单扩口工具(single flaring tool)

(b) 双扩口工具(double flaring tool)

图 5.13 扩口工具 (flaring tool)

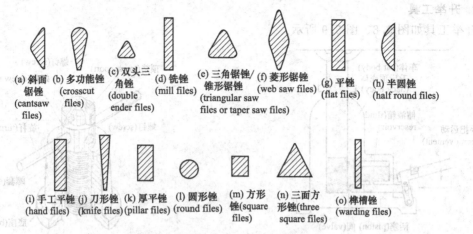

(a) 斜面锯锉 (cantsaw files)　(b) 多功能锉 (crosscut files)　(c) 双头三角锉 (double ender files)　(d) 铣锉 (mill files)　(e) 三角锯锉/锥形锯锉 (triangular saw files or taper saw files)　(f) 菱形锯锉 (web saw files)　(g) 平锉 (flat files)　(h) 半圆锉 (half round files)

(i) 手工平锉 (hand files)　(j) 刀形锉 (knife files)　(k) 厚平锉 (pillar files)　(l) 圆形锉 (round files)　(m) 方形锉 (square files)　(n) 三面方形锉 (three square files)　(o) 榫槽锉 (warding files)

图 5.14　铣锉或锯锉种类 (styles of mill or saw files)

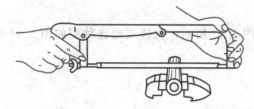

图 5.15　手动锯切加工 (manual sawing operation)

图 5.16　刮研和研磨操作 (manual scraping and lapping operation)

图 5.17　手动攻螺纹 (manual tap)　　　　　图 5.18　板牙套螺纹 (threading by screw die)
1~3—操作顺序号　　　　　　　　　　　　　1~3—操作顺序号

绞杠 (level)　丝锥(screw tap)　工件(workpiece)

1　2 板牙架(die handle)　3　板牙 (die)　工件(workpiece)

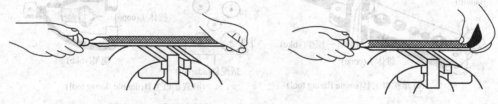

图 5.19　手工锉削加工 (manual file finishing operation)

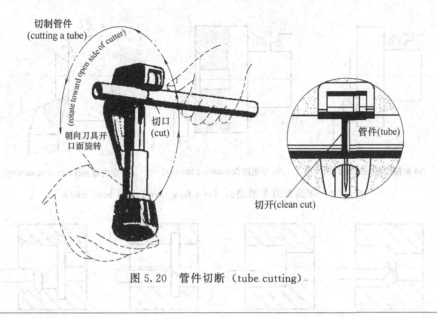

切制管件
(cutting a tube)

(rotate toward open side of cutter)

朝向刀具开
口面旋转

切口
(cut)

管件(tube)

切开(clean cut)

图 5.20　管件切断（tube cutting）

第二节　车刀

1. 车刀的种类

（1）按加工表面分类

分为外圆车刀、端面车刀、切槽车刀、螺纹车刀、内圆车刀和成形车刀等。

① 外圆车刀　如图 5.21 所示，又分为外圆柱面车刀（右车刀、左车刀）、切断刀（切槽刀）、成形面车刀、螺纹车刀、锥面车刀等。

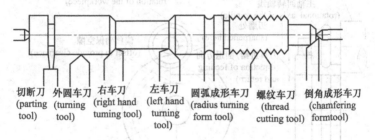

切断刀
(parting
tool)

外圆车刀
(turning
tool)

右车刀
(right hand
tuming tool)

左车刀
(left hand
turning
tool)

圆弧成形车刀
(radius turning
form tool)

螺纹车刀
(thread
cutting tool)

倒角成形车刀
(chamfering
formtool)

图 5.21　外圆车刀种类（different kinds of tools used for external surface）

② 端面车刀　如图 5.22 所示，也称为弯头车刀。端面车刀专门用于车削垂直于轴线的平面。通常要求刀尖与工件中心等高，否则会留下凸台。

一般端面车刀都从外缘向中心进给 ［图 5.22 （a）］，这样便于在切削时测量工件已加工面的长度。若端面上已有孔，则可采用由工件中心向外缘进给的方法 ［图 5.22 （b）］，这种进给方法可使工件表面粗糙度降低。

③ 内圆车刀　如图 5.23 所示，有时称为镗孔（但区别于镗床镗孔），内圆车刀可用于车削通孔、盲孔（沉孔、内阶梯孔、内端面）、沉槽（退刀槽、让刀槽）和内螺纹。

内孔车刀的工作条件较外圆车刀差，这是因为内孔车刀的刀杆悬伸长度和刀杆截面尺寸都受孔尺寸的限制，当刀杆伸出较长而截面较小时，刚度低，容易引起振动。

④ 成形车刀　属于专用车刀，需要专门设计和制造。成形车刀又称样板刀，刃形是根据工件轴向截形设计的，是加工回转成形表面的专用高效刀具。主要用于大批大量生产，在半自

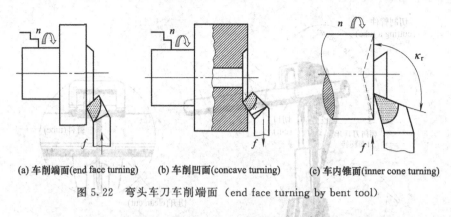

(a) 车削端面(end face turning) (b) 车削凹面(concave turning) (c) 车内锥面(inner cone turning)

图 5.22 弯头车刀车削端面 (end face turning by bent tool)

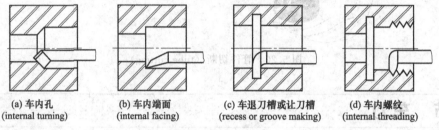

(a) 车内孔
(internal turning)

(b) 车内端面
(internal facing)

(c) 车退刀槽或让刀槽
(recess or groove making)

(d) 车内螺纹
(internal threading)

图 5.23 内圆车刀种类 (different kinds of tools used for internal surface)

动车床或自动车床上加工内、外回转成形表面。

成形车刀一般不做轴向进给运动，通常分为圆体成形车刀和棱体成形车刀，如图 5.24 所示。

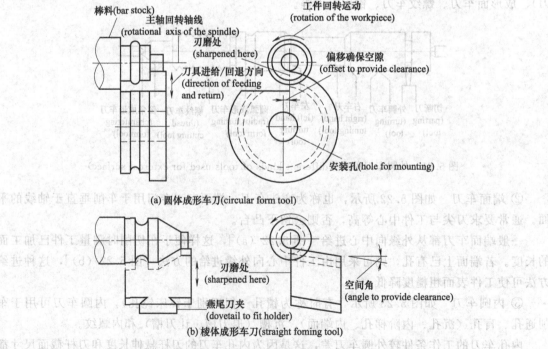

(a) 圆体成形车刀(circular form tool)

(b) 棱体成形车刀(straight foming tool)

图 5.24 中心车床采用的成形车刀种类 (form tool types used in centre lathe)

由于数控技术的发展，因其准备周期长、成本高，成形车刀的应用将会越来越少。

(2) 按车刀结构分类

如图 5.25 所示，可分为整体刀具、焊接刀具、焊接机夹式刀具、机夹可转位刀具和机夹可重磨刀具等。

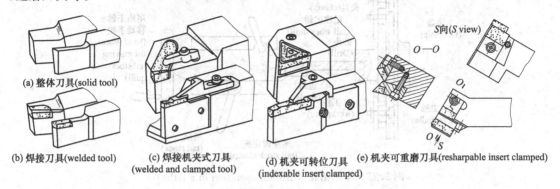

(a) 整体刀具(solid tool)

(b) 焊接刀具(welded tool)　(c) 焊接机夹式刀具　(d) 机夹可转位刀具　(e) 机夹可重磨刀具(resharpable insert clamped)
(welded and clamped tool)　(indexable insert clamped)

图 5.25　车刀的种类 （types of turning tool）

机夹可转位车刀优点：当切削刃磨钝后，不需刃磨，只需通过刀片的转位，即可用新的切削刃继续切削，只有当可转位刀片上所有的切削刃都磨钝后，才需要换新刀片。硬质合金可转位刀片已经实现标准化生产。图 5.26 所示为可转位车刀的结构。

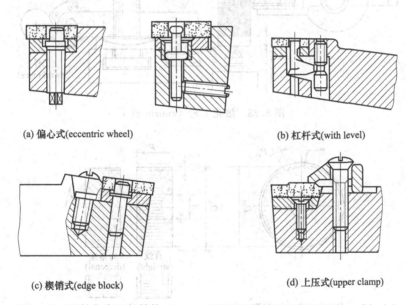

(a) 偏心式(eccentric wheel)　　(b) 杠杆式(with level)

(c) 楔销式(edge block)　　(d) 上压式(upper clamp)

图 5.26　可转位车刀的结构 （various types of fixing inserts into tool body）

2. 车床用其他工具

① 车床上钻孔　如图 5.27 所示，对于回转中心线上的孔，可以通过尾座安装麻花钻来钻削，靠手摇尾座主轴移动手轮实现孔深度方向的进给运动。

② 车床上滚花　如图 5.28 所示，将旋转滚头与工件中心平齐安装在小刀架上，摇动中拖板径向进给，工具与滚头挤压，并带动滚头旋转，再轴向移动大拖板，可在外圆表面上滚出不同的花纹，属于无屑加工。滚花花纹有直纹和 45°对角线斜纹 （图 5.29），直齿平面滚花模板见图 5.30。

③ 车床上滚压　如图 5.31 所示，与滚花操作基本类似，弧形滚头径向或斜向压向过渡面，再根据需要施加滚压压力。主要用于需要承受动载荷的轴类零件，以减少应力集中，提高抗疲劳破坏的能力。

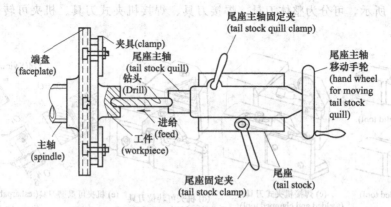

图 5.27　车床钻孔（drilling operation in a lathe）

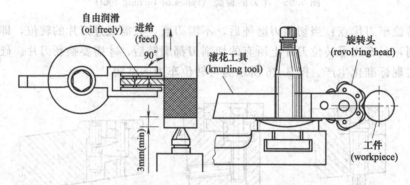

图 5.28　滚花工艺（knurling）

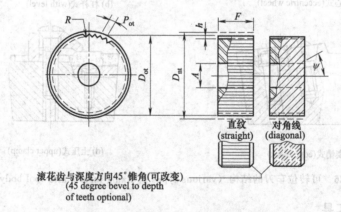

图 5.29　外圆滚花（cylindrical knurl）

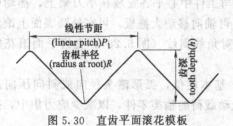

图 5.30　直齿平面滚花模板
（flat knurling die with straight teeth）

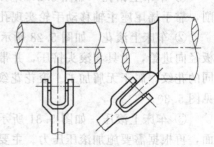

图 5.31　滚压（rolling）

第三节　铣刀

1. 铣刀种类

铣刀是一种多齿、多刃刀具，其种类繁多，如图 5.32 所示，按其形态和用途可分为以下几类。

(a) 铲背圆弧成形铣刀
(form relieved
(circular cutter)

(b) 螺旋圆周铣刀
(helical peripheral cutter)

(c) 锯切铣刀
(slitting saw cutter)

(d) 中空端面铣刀
(shell end mill)

(e) 端面铣刀
(face cutter)

(f) 多槽端铣刀
(multi flute end mill)

(g) 角度铣刀
(angle millmg cutter)

(h) 交错齿铣刀
(staggered tooth cutter)

(i) 角度铣刀
(angle milling cutter)

图 5.32　各种形式的铣刀（various types of milling cutters）

①圆周铣刀［图 5.32（b）］　又叫圆柱平面铣刀，铣刀切削刃为螺旋形，用于在卧式铣床上加工平面。

②端面铣刀［图 5.32（d）、(e)、图 5.33］　又叫面铣刀，铣刀主切削刃分布在铣刀端面上，用于立式铣床上加工平面（图 5.33）。

③盘状铣刀［图 5.32（a）、(c)、(g)、(h)、(i)］　分为单面刃、双面刃、三面刃和错齿三面刃，用于加工沟槽和台阶及各类成形面。锯切铣刀［图 5.32（c）］实际上是薄片槽铣刀，齿数少，容屑空间大，主要用于切断和切窄槽。

图 5.33　端面铣削（face milling）

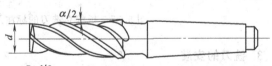
R=d/2　(a) 圆锥指状铣刀(taper finger-like milling cutter)

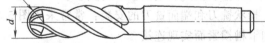
(b) 球头指状铣刀(ball end finger-like milling cutter)

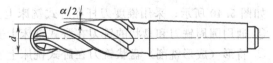
(c) 圆锥球头指状铣刀(ball end taper finger-like milling cutter)

图 5.34　模具用指状铣刀（finger-like milling cutter used in mold）

④ 指状铣刀　细分为立铣刀、键槽铣刀和模具铣刀。立铣刀圆柱面上的螺旋刃为主切削刃，端面刃为副切削刃，主要加工槽、台阶面和相互垂直的平面；铣键槽刀是一种专用刀具，其端刃和圆周刃都可作为主切削刃。模具铣刀用于加工模具型腔或凸模成形表面，分为圆锥形指状铣刀 [图 5.34 （a）]、圆柱形球头指状铣刀 [图 5.34 （b）] 和圆锥形球头指状铣刀 [图 5.34 （c）]。

2. 铣刀的角度及术语

对于直刃圆柱铣刀，其前角、后角和刀尖角如图 5.35 所标注，端面铣刀的几何角度标注如图 5.36 所示，指状立铣刀的标注及术语如图 5.37 所示；盘状成形铣刀和盘状交错齿三面铣刀的术语见图 5.38。

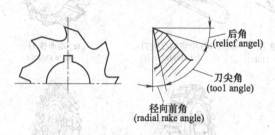

图 5.35　普通直刃铣刀切削角度（cutting angles of a plain，straight-teeth milling cutter）

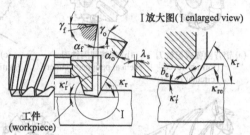

图 5.36　端面铣刀的几何角度（geometric angles on face milling cutter）

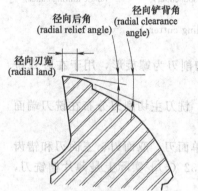

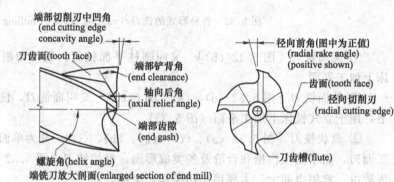

图 5.37　指状立铣刀的标注及术语（end mill terms）

3. 铣刀的安装

（1）指状铣刀和端面铣刀的安装

指状铣刀和端面铣刀的安装：常常采用图 5.39 所示的锥柄刀座与立式铣床主轴靠锥度定位和卡槽锁紧而实现连接。

（2）盘状铣刀和圆周铣刀的安装

如图 5.40 所示，采用锥度刀杆在卧式铣床上安装，刀杆双端都由轴承支撑。

① 通用圆周铣刀和盘状的铣刀在卧式铣床上安装，如图 5.41 所示。

② 特形（成形铣削）盘状铣刀在卧式铣床上安装，如图 5.42 所示。

4. 工件的装夹

如图 5.43 所示，有钳台装夹 [图 5.43 （a）]、压板螺栓装夹 [图 5.43 （b）]、V 形铁装夹 [图 5.43 （c）] 和分度头安装 [图 5.43 （d）~（f）] 等。

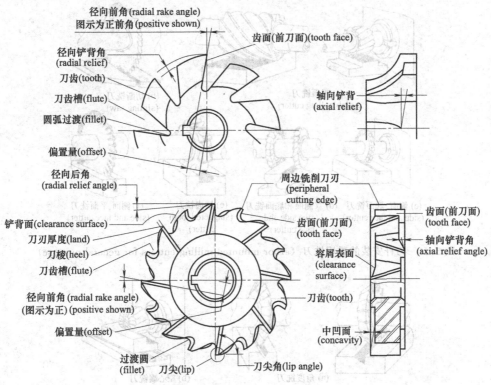

图 5.38 铣刀术语 （milling cutter terms）

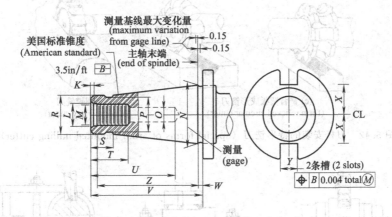

图 5.39 铣床刀座基本尺寸 （essential dimensions of tool shanks for milling machines）

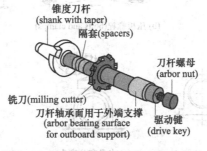

图 5.40 卧式铣床用铣刀与刀杆的安装
（mounting a milling cutter on an arbor for use on a horizontal milling machine）

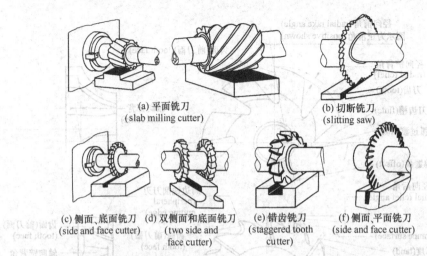

(a) 平面铣刀
(slab milling cutter)

(b) 切断铣刀
(slitting saw)

(c) 侧面、底面铣刀
(side and face cutter)

(d) 双侧面和底面铣刀
(two side and
face cutter)

(e) 错齿铣刀
(staggered tooth
cutter)

(f) 侧面、平面铣刀
(side and face cutter)

图 5.41　刀杆安装的通用铣刀（arbor mounted milling cutters for general purpose）

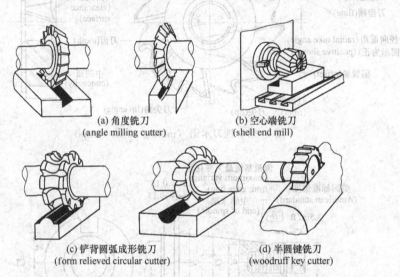

(a) 角度铣刀
(angle milling cutter)

(b) 空心端铣刀
(shell end mill)

(c) 铲背圆弧成形铣刀
(form relieved circular cutter)

(d) 半圆键铣刀
(woodruff key cutter)

图 5.42　刀杆安装的特形铣刀（special forms of arbor mounted milling cutter）

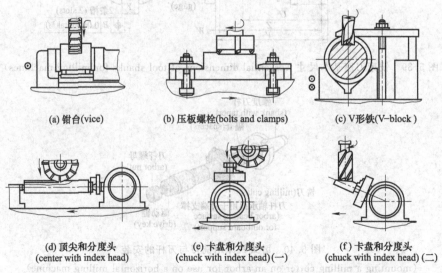

(a) 钳台(vice)

(b) 压板螺栓(bolts and clamps)

(c) V形铁(V-block)

(d) 顶尖和分度头
(center with index head)

(e) 卡盘和分度头
(chuck with index head)(一)

(f) 卡盘和分度头
(chuck with index head) (二)

图 5.43　铣削工件的装夹（workpiece clampings in milling）

5. 铣削方式

铣削分为顺铣和逆铣，如图 5.44 所示。

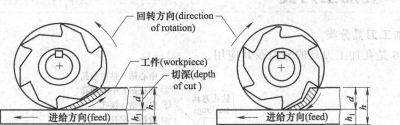

图 5.44　逆铣和顺铣（up milling and down milling）

6. 铣刀的加工应用场合

图 5.45 所示的是常用铣削加工的各种应用场合。

(a) 周铣平面　(peripheral milling)

(b) 端切铣平面　(face milling)

(c) 铣削台阶面　(shoulder face milling)

(d) 铣削侧面　(side face milling)

(e) 铣沟槽　(slot milling)

(f) 铣切沟槽　(slotting)

(g) (铣)切断　(slitting)

(h) 轮廓铣削　(contour milling)

(i) 铣键槽　(key way milling)

(j) 铣半圆键　(woodruff key milling)

(k) 铣T形槽　(T-slot milling)

(l) 铣燕尾槽　(dove tail milling)

(m) 铣V形槽　(V-slot milling)

(n) 成形铣削　(form milling)

(o) 铣型腔　(cavity milling)

(p) 铣螺旋槽　(helical slot milling)

图 5.45　铣削加工应用类型（operations on milling process）

第四节　孔加工刀具

1. 孔加工刀具分类

图 5.46 是孔加工刀具的分类及其应用。

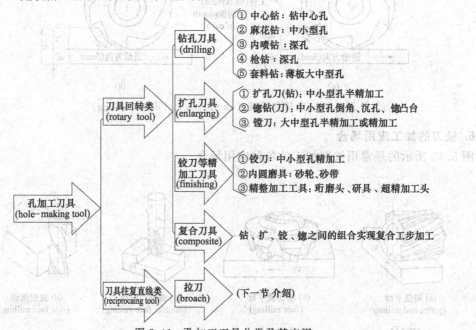

图 5.46　孔加工刀具分类及其应用
(classifications and applications of hole-making tool)

2. 孔加工刀具

（1）钻孔刀具

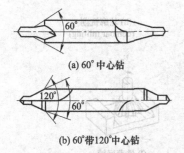

(a) 60°中心钻

(b) 60°带120°中心钻

图 5.47　中心钻（center drill）

① 中心钻　如图 5.47，常常用于加工轴类、盘类零件的加工中心孔，按结构特点分为 60°中心钻［图 5.47 (a)］和 60°带 120°中心钻［图 5.47 (b)］两种。每种结构都由前端圆柱部分和后续的锥体组成，锥套上开槽是为了形成切刃的前角。圆柱部分加工的内孔使得顶尖不干涉。锥体加工的内锥面用于装夹定位。

② 麻花钻　生产中使用最多的是麻花钻，对于直径为 $\phi 0.1 \sim 80mm$ 的孔，都可使用麻花钻加工，但主要用于孔的粗加工（IT11 级以下，表面粗糙度 Ra 为 $25 \sim 6.3\mu m$）。麻花钻主要用于在实心材料上钻孔，个别情形也可用来扩孔。

麻花钻的结构如图 5.48 所示，由刀柄、颈部、刀体和刀尖部分组成。

刀柄是钻头的定位和夹持部分，与机床连接传递回转运动、转矩和轴向力。刀柄有直柄和锥柄两大类，直柄主要用于直径小于 12mm 的小麻花钻；锥柄用于直径较大的麻花钻，锥柄钻头的扁尾用于传递转矩和拆卸钻头。

颈部是砂轮磨削的越程槽，并用来标钻头的型号或规格。

刀体上有主要起导向作用的两条韧带和起排屑作用的两条螺旋槽。

刀尖即为切削加工部分，承担主要的切削工作，包含两个前面、主后面、副后面、主切削刃、副切削刃及一条横刃。两主切削刃在与它们平行的平面上投影的夹角称为刀尖角，标准的

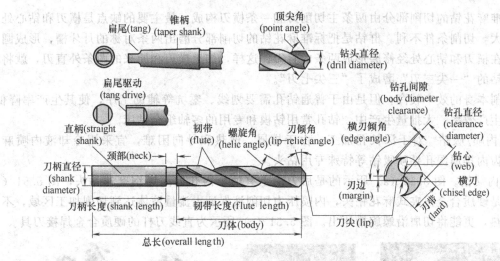

图 5.48 麻花钻结构（geometry of twist drill）

顶尖角度为 118°。

整体麻花钻多为高速钢制造（HSS），对于直径较大的情形，现代生产中越来越多地采用硬质合金机夹或焊接在低合金钢刀体上的麻花钻，如图 5.49 所示。

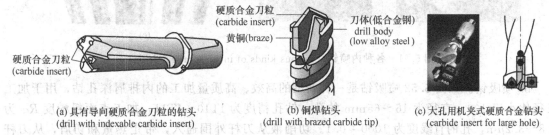

(a) 具有导向硬质合金刀粒的钻头　(b) 铜焊钻头　(c) 大孔用机夹式硬质合金钻头
(drill with indexable carbide insert)　(drill with brazed carbide tip)　(carbide insert for large hole)

图 5.49 机夹或焊接式硬质合金麻花钻头（solid carbide insert welded or clamped twist drills）

钻孔常用的刀具是麻花钻，其加工性能较差，为了改善其加工性能，目前已广泛应用群钻（图 5.50）。群钻是将标准麻花钻的切削部分修磨成特殊形状的钻头。群钻是中国人倪志福于 1953 年发明的，原名倪志福钻头，后经本人倡议改名为"群钻"，寓群众参与改进和完善之

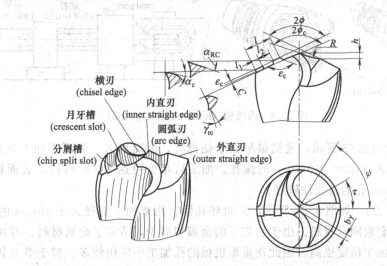

图 5.50 群钻（倪志福钻）［chinese multi-facet drill（Ni Zhifu drill）］

意。标准麻花钻的切削部分由两条主切削刃和一条横刃构成，最主要的缺点是横刃和钻心处的负前角大，切削条件不利。群钻是把标准麻花钻的切削部分磨出两条对称的月牙槽，形成圆弧刃，并在横刃和钻心处经修磨形成两条内直刃。这样，加上横刃和原来的两条外直刃，就将标准麻花钻的"一尖三刃"磨成了"三尖七刃"。

钻削本身的效率较高，但是由于普通钻孔需要划线、錾坑等辅助工序，使其生产率降低，为提高生产效率，大批量生产中，钻孔常用钻模和专用的多轴组合钻床。

③ 内喷/吸钻　对于深长孔加工，由于排屑、散热和导向困难，宜采用冷却液内喷麻花钻、错齿内排屑深孔钻喷吸钻等特殊专用钻头。

a. 内喷钻。图5.51（a）所示的是后刀面上有两个内孔的高速钢麻花钻头，图5.51（b）所示的是硬质合金机夹式麻花钻头，内喷压力切削液保证大流量液体达到切削加工区域，不仅利于散热，更能将切屑沿螺旋槽压出。图5.51（c）所示为直线刀杆的硬质合金焊接刀具。

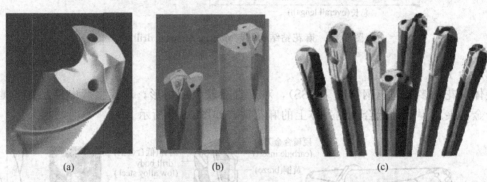

(a)　　　　　　　　　(b)　　　　　　　　　(c)

图5.51　各种内喷钻（various kinds of inner spraying drills）

b. 喷吸钻。如图5.52喷吸钻是一种新型的高效、高质量加工的内排屑深孔钻，用于加工长径比小于100、直径为16～65mm的孔，钻孔精度为IT10～IT11，加工表面粗糙度Ra为0.8～3.2μm，孔的直线度为1000：0.1。切削液从刀杆外围通入，带走热量和切屑，从刀杆中心孔排出。钻头的切削部分呈交错齿排列（故称为错齿内排屑深孔钻），其后部的矩形螺纹与中空的钻杆连接。

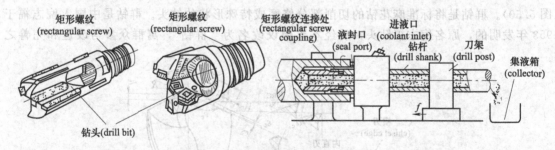

矩形螺纹
(rectangular screw)　　矩形螺纹
(rectangular screw)　　矩形螺纹连接处
(rectangular screw coupling)　液封口
(seal port)　进液口
(coolant inlet)　钻杆
(drill shank)　刀架
(drill post)　集液箱
(collector)

钻头(drill bit)

图5.52　内吸钻（inner absorbing drill）

④ 枪钻　如图5.53所示，枪钻最早用于钻枪孔，因而得名，多用于加工直径较小（3～13mm）、长度较大（100～250mm）的深孔。加工后精度可达IT10～IT8，表面粗糙度值Ra可达0.2～0.8μm，孔的直线性较好。

⑤ 套料钻（刀）　如图5.54所示，又叫环孔钻，用来加工直径大于60mm的孔，多用于薄板加工大孔或套取圆盘材料。由于它切下的金属切屑少，节省了金属材料、刀具和动力的消耗，生产率高，加工精度也高，因此在重型机械的孔加工中应用较多。对于单刀套料加工必须具备中心导向钻头，实施不够方便。

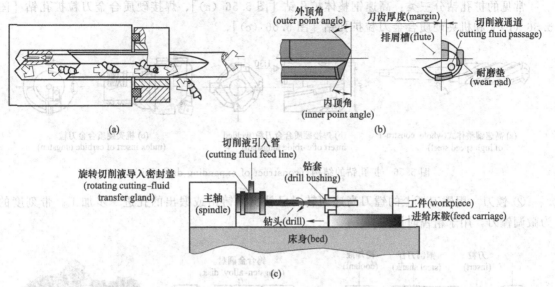

图 5.53　枪钻特点及其加工应用（a gun drill features and gun-drilling operation）

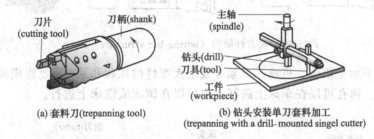

图 5.54　套料加工刀具（trepanning machining）

套料钻有高速钢整体钻 [图 5.55（a）] 和硬质合金刀粒焊接组装钻 [图 5.55（b）]。

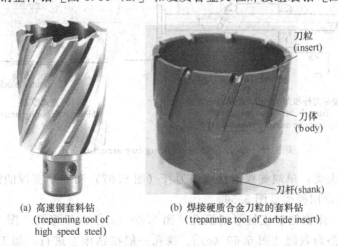

图 5.55　套料钻（trepanning tools）

（2）扩孔加工刀具

① 扩孔钻　扩孔是用图 5.56 所示的扩孔钻对已钻出、铸出、锻出或冲出的孔进行再加工，以扩大孔径并提高精度和减小表面粗糙度。扩孔精度可达 IT10～IT9，表面粗糙度 Ra 为 6.3～0.8μm。

常见的扩孔钻分三类：高速钢整体扩孔钻［图 5.56（a）］、焊接硬质合金刀粒扩孔钻［图 5.56（b）］和机夹硬质合金刀粒扩孔钻［图 5.56（c）］。

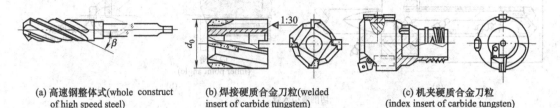

(a) 高速钢整体式(whole construct　　(b) 焊接硬质合金刀粒(welded　　(c) 机夹硬质合金刀粒
of high speed steel)　　　　　 insert of carbide tungsten)　　(index insert of carbide tungsten)

图 5.56　扩孔钻的结构（construct of expanding drill (bit)）

② 镗刀　用镗刀杆上的镗刀高速回转对已钻出、铸出或锻出的孔进一步加工。带刻度的为微调镗刀，用于精镗时调刀。

刀粒　　　 钢制刀杆　　冷却液　　　　　　钨合金圆盘
(insert)　 (steel shank)　(coolant)　　　　(tungsten-alloy disk)

图 5.57　镗刀杆结构（boring bar structure）（一）

镗口主要用于加工箱体、机座、支架等复杂大型件的孔和孔系，通过镗模或坐标装置，容易保证加工精度。镗孔可以在车床上进行，也可以在镗床或铣床上进行。

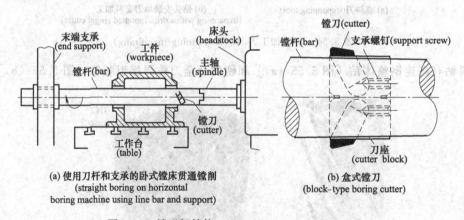

(a) 使用刀杆和支承的卧式镗床贯通镗削　　　　　　(b) 盒式镗刀
(straight boring on horizontal　　　　　　　(block-type boring cutter)
boring machine using line bar and support)

图 5.58　镗刀杆结构（boring bar structure）（二）

镗刀杆分为两大类：单端支撑的悬臂镗刀杆（图 5.57）和双端支撑的简支梁类型镗刀杆（图 5.58）。镗刀的常用种类见图 5.59。

③ 锪钻（刀）　用锪钻加工柱形的沉孔［图 5.60（a）］或锥形孔［图 5.60（b）］称为锪孔，或者用于锪平凸台表面［图 5.60（c）］。锪孔一般在钻床上进行，加工的表面粗糙度 Ra 为 6.3～3.2μm。锪沉孔的主要目的是安装沉头螺钉。锥形锪钻还可用于清除孔端毛刺。锪凸台是为垫片、螺母或螺栓大头接触良好。图 5.61 所示为锪刀类的去毛刺刀。

(3) 铰刀（图 5.62、图 5.63）

用铰刀从工件孔壁上切除微量金属，以提高孔的尺寸精度和减小表面粗糙度的加工方法，称为铰孔。它是在扩孔或半精镗孔后进行的一种精加工。

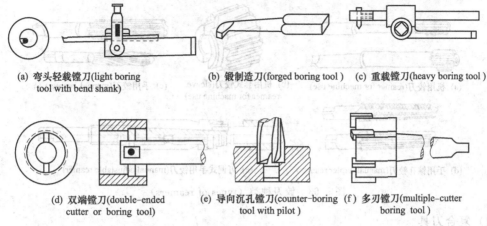

(a) 弯头轻载镗刀(light boring tool with bend shank)　(b) 锻制造刀(forged boring tool)　(c) 重载镗刀(heavy boring tool)

(d) 双端镗刀(double-ended cutter or boring tool)　(e) 导向沉孔镗刀(counter-boring tool with pilot)　(f) 多刃镗刀(multiple-cutter boring tool)

图 5.59　镗刀种类（types of boring tools）

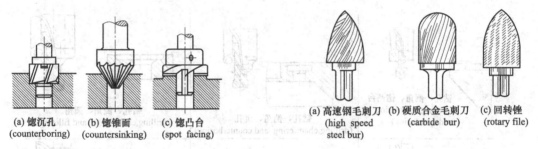

(a) 锪沉孔(counterboring)　(b) 锪锥面(countersinking)　(c) 锪凸台(spot facing)

图 5.60　锪钻（刀）（countersinking tool）

(a) 高速钢毛刺刀(high speed steel bur)　(b) 硬质合金毛刺刀(carbide bur)　(c) 回转锉(rotary file)

图 5.61　去毛刺刀（various types of burs）

　　铰孔的质量主要取决于铰刀的结构、精度、切削用量和切削液，适于加工中批、大批大量中不宜拉削的孔，也可加工单件小批生产中的小孔（$D<15$mm）或细长孔（$L/D>5$）。

　　铰削分为手工铰削和机动铰削，由此，铰刀可分为手动铰刀和机动铰刀。机动铰刀在机床上常采用浮动连接。浮动机铰或手铰时，一般不能修正孔的位置误差，孔的位置误差应由铰孔前的工序来保证。

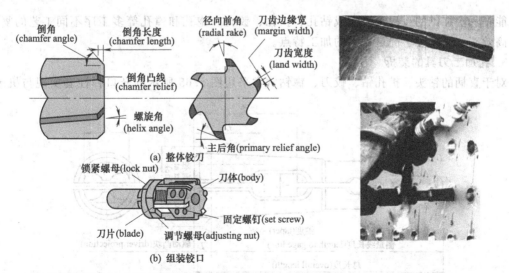

图 5.62　整体铰刀和组装铰刀（whole construct and assembled reamers）

　　按照铰刀结构和使用又可分为圆铰刀和锥孔铰刀。

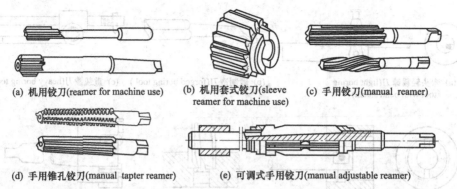

(a) 机用铰刀(reamer for machine use)　(b) 机用套式铰刀(sleeve reamer for machine use)　(c) 手用铰刀(manual reamer)

(d) 手用锥孔铰刀(manual tapter reamer)　(e) 可调式手用铰刀(manual adjustable reamer)

图 5.63　铰刀种类（types of reamers）

（4）复合刀具

钻、扩、铰、锪、镗任意两种以上的刀具组合在一起，即为复合刀具，如图 5.64 所示。

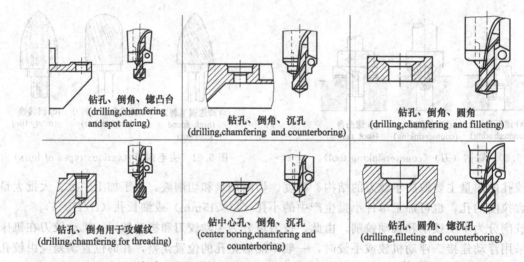

钻孔、倒角、锪凸台
(drilling,chamfering and spot facing)

钻孔、倒角、沉孔
(drilling,chamfering and counterboring)

钻孔、倒角、圆角
(drilling,chamfering and filleting)

钻孔、倒角用于攻螺纹
(drilling,chamfering for threading)

钻中心孔、倒角、沉孔
(center boring,chamfering and counterboring)

钻孔、圆角、锪沉孔
(drilling,filleting and counterboring)

图 5.64　孔加工复合刀具及其应用（combined hole-making tools and their applications）

能在一次加工的过程中，完成钻孔、扩孔、铰孔、锪孔和镗孔等多工序不同工艺的复合，具有高效率、高精度、高可靠性的加工特点。

3. 孔加工刀具的装拆

对于直柄的钻头、扩孔钻、铰刀、锪钻常常采用图 5.65 所示的开口弹性套实现与机床的

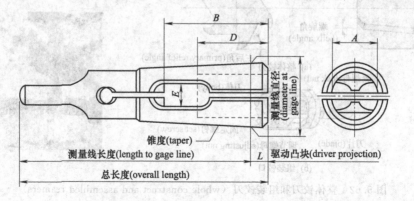

图 5.65　开口弹性套（split-sleeve collet type）

连接，其外锥面与主轴卡口 [图 5.66 （a）] 内锥面配合以夹紧刀柄。有时因为尺寸原因，可能会用多层锥套叠加来夹持 [图 5.66 （b）]。拆除时常用楔铁轻轻敲出 [图 5.66 （c）]。

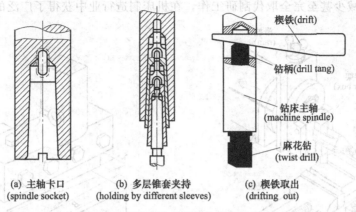

(a) 主轴卡口 (spindle socket)　(b) 多层锥套夹持 (holding by different sleeves)　(c) 楔铁取出 (drifting out)

图 5.66　主轴座或套内钻头的夹持及钻头的取出 （holding drills in spindle socket or sleeves and drifting out from a socket or sleeve)

第五节　往复运动加工刀具

1. 刨刀

刨削加工 （图 5.67）是指用刨刀对工件做水平相对直线往复运动的切削加工方法，常用的刨刀有平面刨刀、偏刀、角度刀以及成形刨刀等。刨床分为牛头刨床和龙门刨床，相应的刨刀也可分为牛头刨床用刨刀和龙门刨床用刨刀 （图 5.68）。

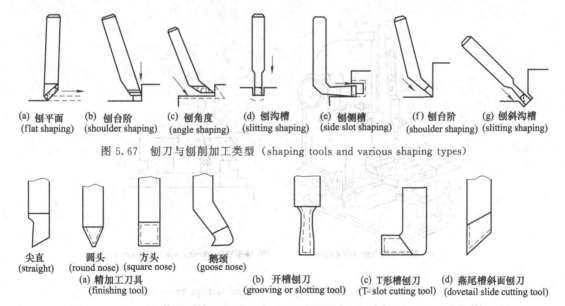

(a) 刨平面 (flat shaping)　(b) 刨台阶 (shoulder shaping)　(c) 刨角度 (angle shaping)　(d) 刨沟槽 (slitting shaping)　(e) 刨侧槽 (side slot shaping)　(f) 刨台阶 (shoulder shaping)　(g) 刨斜沟槽 (slitting shaping)

图 5.67　刨刀与刨削加工类型 （shaping tools and various shaping types)

尖直 (straight)　圆头 (round nose)　方头 (square nose)　鹅颈 (goose nose)
(a) 精加工刀具 (finishing tool)　(b) 开槽刨刀 (grooving or slotting tool)　(c) T形槽刨刀 (T-slot cutting tool)　(d) 燕尾槽斜面刨刀 (dovetail slide cutting tool)

图 5.68　龙门刨床用刨刀 （planner tool)

牛头刨床工件和刀具的布置如图 5.69 所示，滑枕回退时，刨刀要回程抬刀而且急速回退。刨削平面主要适用于单件小批生产，尤其适用于加工窄长形加工表面，例如床身导轨等。在生产车间里，牛头刨床已逐渐被各种铣床代替，但龙门刨床仍广泛应用于大件加工。

用宽刃刨刀 （图 5.70），刨刃的宽度一般为 10～60mm，有时可达 500mm，切削速度极低

（5～12m/min），切削过程发热量小。刨刀宽度大于工件宽度，不需做横向进给运动，再加上切深极小，宽刃精刨可以获得表面粗糙度很小的光整表面，生产效率比刮研高 20～40 倍。宽刃精刨工艺可以减少甚至完全取代刮研工作，在机床制造行业中获得了广泛的应用。

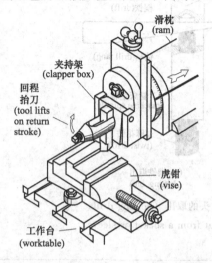

图 5.69　牛头刨床上工具和工件的安装
（installation of tool and job on a plane shaper）

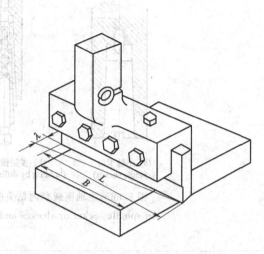

图 5.70　宽刃刨刀（planer tool of wide edge）

2. 插刀

如图 5.71 所示，插刀多用于插床插削键槽，工件一般置于分度台上，其运动过程类似于牛头刨削。插削键槽的效率低下，适于修配等单件生产模式。

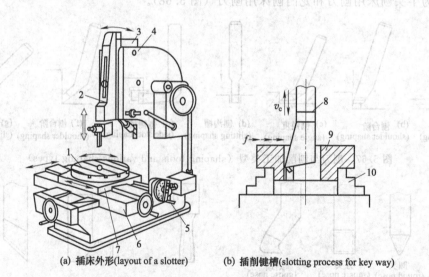

(a) 插床外形(layout of a slotter)　　(b) 插削键槽(slotting process for key way)

图 5.71　插床与插削加工（slotter and slotting process）

1—回转工作台（ratary table）；2—立式滑枕（vertical ram）；3—滑枕导轨座（base for ram way）；
4—床身（bed）；5—分度头（dividing head）；6—床鞍（saddle）；7—溜板（slide）；
8—插刀（slotting tool）；9—工件（workpiece）；10—卡盘（chuck）

3. 拉刀

拉刀（图 5.72）分为内拉刀和外拉刀两类。内拉刀用于加工各种形状的内表面，常见的

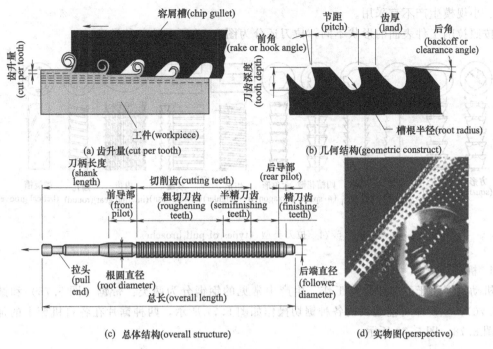

图 5.72　拉刀（broach）

(a) 齿升量(cut per tooth)

(b) 几何结构(geometric construct)

(c) 总体结构(overall structure)

(d) 实物图(perspective)

有圆孔拉刀、花键拉刀、方孔拉刀和键槽拉刀等；外拉刀用于加工各种形状的外表面。实际生产中，内拉刀比外拉刀应用更普遍。

按拉刀的结构不同，可分为高速钢整体式和硬质合金组装式。采用组装式拉刀，不仅可以节省刀具材料，而且可以简化拉刀的制造，并且当拉刀刀齿磨损或损坏后，能够方便地进行调节及更换。整体式主要用于中小型尺寸高速钢拉刀；组装式多用于大尺寸硬质合金拉刀。

如图 5.72（c）所示，拉刀结构各个部分的作用不同，具体如下。

① 拉头　拉刀与机床的连接部分，用以夹持拉刀、传递动力。

② 前导部　用于引导拉刀的切削齿正确地进入工件孔，防止刀具进入工件孔后发生歪斜，同时还可以检查预加工孔尺寸是否过小，以免拉刀的第一个刀齿负荷过重而损坏。

③ 切削齿　担负切削工作，切除工件上全部的拉削余量，由粗切齿和半精切齿组成。

④ 精切齿　用以校正孔径、修光孔壁，以提高孔的加工精度和表面质量。

⑤ 后导部　用于保证拉刀最后的正确位置，防止拉刀在即将离开工件时，因工件下垂而损坏已加工表面和刀齿。

拉削通常只有一个主运动，没有进给运动，径向进给靠拉刀前后刀齿的齿升量［图 5.72（a）］来完成。拉刀的几何参数如图 5.72（b）所示，图 5.72（d）是内齿轮拉刀和拉削产品实物图。套式拉刀如图 5.73 所示。

图 5.73　套式拉刀（shell broach）

拉刀是多齿刀具，同时参加工作的刀齿多，切削刀总长度大，一次行程能完成粗、半精及精加工，因此生产率很高，适合于大批大量生产。但是拉刀设计制造周期较长，成本比较高，单件、小规模生产不宜采用。

按照拉削工件表面的形状不同，拉刀还分为图5.74所示的各种类型。

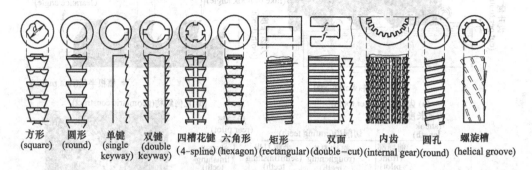

图 5.74　拉刀类型（types of pull broaches）

4. 机动钢锯

机动钢锯用于下料或分离工作，生产中常见的钢锯分为两类：带锯（图5.75）和圆盘锯（图5.76），生产中可能遇到的各种锯切操作如图5.77所示，两种锯片在各自机床上的加工布局如图5.78、图5.79所示。

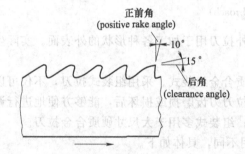

图 5.75　带锯的几何结构
（geometric feature of band saw）

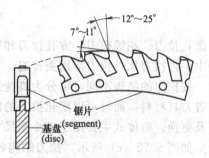

图 5.76　典型圆盘锯结构
（a typical circular saw blade construction）

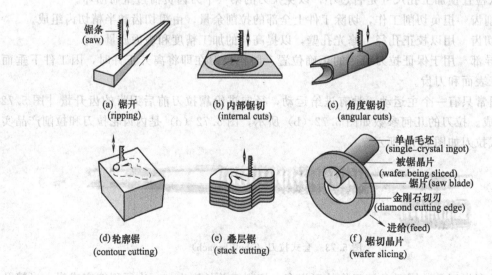

图 5.77　锯切操作实例（various examples of sawing operations）

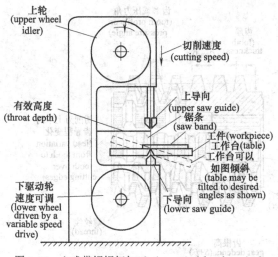

图 5.78　立式带锯锯切加工（a vertical band sawing）

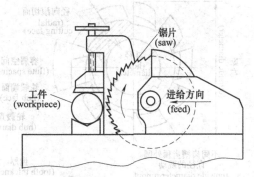

图 5.79　圆盘锯床（a circular sawing machine）

第六节　齿轮加工刀具、螺纹刀具

1. 齿轮加工刀具

齿轮的切削加工方法按其成形原理可分为成形法和展成法两大类。

成形法加工齿轮，要求所用刀具的切削刃形状与被切齿轮的齿槽形状相吻合。

展成法又名范成法、包络法。展成法加工齿轮是利用齿轮的啮合原理进行的，并强制刀具和工件做严格的啮合运动而展成切出齿廓。根据齿轮齿廓以及加工精度的不同，展成法加工齿轮最常用的方法有滚齿、插齿，精加工齿形的方法有剃齿、磨齿、珩齿、研齿等。

（1）成形铣齿

如图 5.80 所示，工件卧式安装在分度头上，每铣削完毕一个齿槽，做分度运动再铣削下一个齿槽。

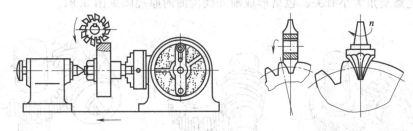

图 5.80　成形铣削轮齿原理（principle for gear-tooth form milling）

① 盘形齿轮铣刀　盘形齿轮铣刀是一种铲齿成形铣刀。加工压力角为 20° 的直齿渐开线圆柱齿轮用的盘形齿轮铣刀已经标准化，根据 GB 9063.1—88，当模数为 0.3～8mm 时，每种模数的铣刀由 8 把组成一套；当模数为 9～16mm 时，每种模数的铣刀由 15 把组成一套。

② 指形齿轮铣刀　指形齿轮铣刀实质上是一种成形立铣刀，有铲齿和尖齿结构，主要用于加工 $m=10～100$mm 的大模数直齿、斜齿以及无空刀槽的人字齿齿轮等。目前没有标准化。

（2）展成法加工齿轮刀具

① 齿轮滚刀　齿轮滚刀（图 5.81）是一种展成法加工齿轮的刀具，它相当于一个螺旋齿轮，其齿数很少（或称头数，通常是一头或二头），螺旋角很大，实际上就是纵向开槽的一个

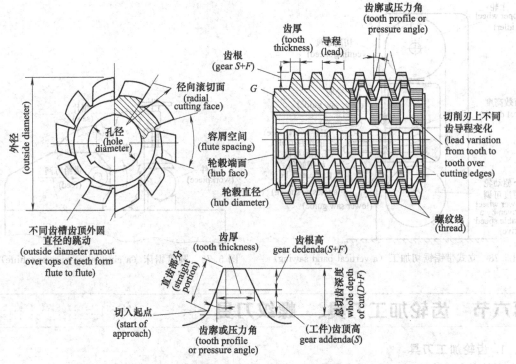

图 5.81　典型齿轮滚刀及其要素（a typical gear hob with its elements）

蜗杆。纵向开槽才能产生切削用前角和容屑空间，为形成后角，减少摩擦，还需对刀齿后刀面铲背。齿轮滚刀按照结构不同分为高速钢整体式滚刀和硬质合金镶齿式滚刀。

　　滚刀加工齿轮的过程类似于交错轴螺旋齿轮的啮合过程，如图 5.82 所示，滚齿的加工运动如图 5.83 所示，滚齿的主运动是滚刀的旋转运动，滚刀转一圈，被加工齿轮转过的齿数等于滚刀的头数；滚刀沿齿轮工件轴线方向进给，加工出齿宽；滚刀相对于齿轮工件做径向进给运动，得到规定的齿高。加工斜齿轮时，除上述运动外，齿轮还有一个附加转动，附加转动的大小与斜齿轮螺旋角大小有关。包络形成渐开线齿面的原理图见图 5.84。

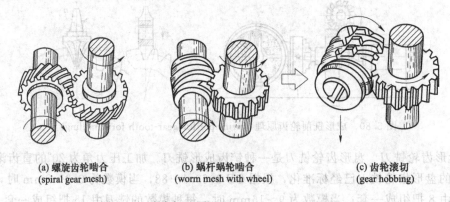

(a) 螺旋齿轮啮合　　　　　(b) 蜗杆蜗轮啮合　　　　　(c) 齿轮滚切
(spiral gear mesh)　　　　(worm mesh with wheel)　　　(gear hobbing)

图 5.82　滚齿加工原理（princple of gear hobbing）

　　② 蜗轮滚刀　蜗轮滚刀加工蜗轮的过程是模拟蜗杆与蜗轮啮合的过程。如图 5.85 所示，蜗轮滚刀基本蜗杆的类型和基本参数都必须与原蜗杆相同，加工每一规格的蜗轮需用专用的滚刀。图 5.86 所示为用滚刀加工蜗轮的进给方式，可采用径向进给和切向进给两种。蜗轮还需要有附加的转动。

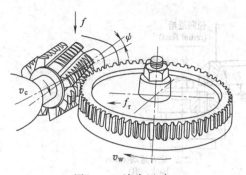

图 5.83　滚齿运动

（motions for gear hobbing）

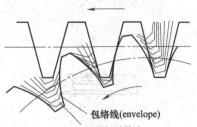

包络线(envelope)

刀齿侧面的运动轨迹
(trajectory of cutting tooth frank)

图 5.84　包络形成渐开线齿面的原理

（enveloping principle）

③ 齿形插齿刀　是利用展成原理（模拟直齿圆柱齿轮啮合过程）加工齿轮的一种刀具，如图 5.87 所示，可用来加工直齿、斜齿、内圆柱齿轮和人字齿轮等，而且是加工内齿轮、双联齿轮和台肩齿轮最常用的刀具。

如图 5.88 所示，插齿过程中的运动有：插齿刀的上下往复运动，是主运动，向下为切削运动，向上为空行程；插齿刀的回转运动与工件的回转运动相配合的展成运动；插齿刀还有径向的进给运动；为避免插齿刀回程时与工件摩擦，还有被加工齿轮随工作台的让刀运动。

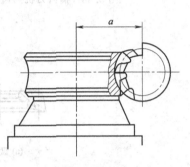

图 5.85　蜗轮滚动

（worm wheel hobbing）

直齿插齿刀有盘形、杯形和锥柄插齿刀，如图 5.89 所示。

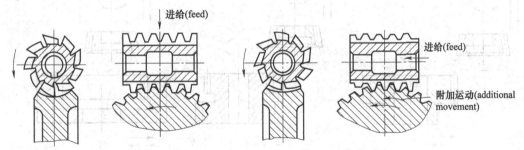

图 5.86　蜗轮滚切的进给方式（feeding methods for worm wheel hobbing）

(a) 径向进给(radial feed)　　　(b) 切向进给(tangential feed)

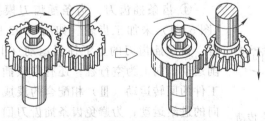

(a) 直齿轮啮合(straight gear mesh)　　(b) 插齿运动原理(gear shaping)

图 5.87　插齿运动原理（gear shaping principle）

插齿刀结构紧凑、体积小，除了加工外圆柱齿轮，还可以加工滚齿刀不能完成的内齿轮、多联齿加工，如图 5.90 所示。

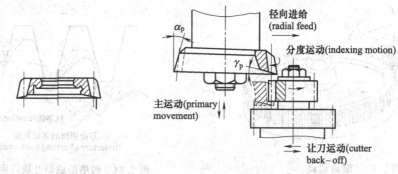

(a) 插齿刀(gear shaping cutter)　　(b) 插齿进给运动(gear shaping motions)

图 5.88　插齿刀机插齿加工运动（gear shaping cutter and gear shaping motions）

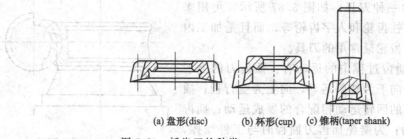

(a) 盘形(disc)　　(b) 杯形(cup)　　(c) 锥柄(taper shank)

图 5.89　插齿刀的种类（types of gear shaping cutters）

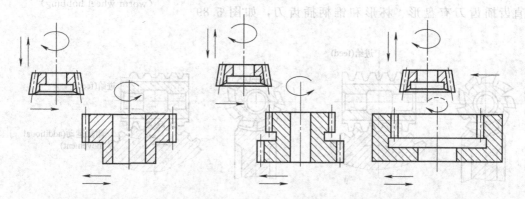

(a) 插齿加工直齿(straight gear shaping)　(b) 插齿加工双联齿(duplicate gear shaping)　(c) 插齿加工内齿轮(inner gear shaping)

图 5.90　插齿可以加工的齿轮类型（gear cuttings by shaping cutters）

图 5.91　齿轮齿条的啮合传动
（pinion and rack mesh）

④ 齿条插齿刀　齿条插齿刀模拟齿条与齿轮的啮合运动（图 5.91）来加工齿轮。如图 5.92 所示，插齿过程中的运动有：齿条插齿刀的上下往复运动（Ⅰ），是主运动，向下为切削运动，向上为空行程；还有齿条插齿刀的回转运动（Ⅱ）与工件的回转运动（Ⅲ）相配合的展成运动；齿条插齿刀还有径向的进给运动；为避免齿条插齿刀回程时与工件摩擦，还有被加工齿轮随工作台的让刀运动。

与齿轮滚刀一样，齿条插齿刀只能加工外直齿或斜齿，不能加工内齿轮，但可以加工外部的多联齿。

⑤ 飞刀　如图 5.93 所示，飞刀就是在刀杆上装一把刀头刀齿来代替蜗轮滚刀的一个刀

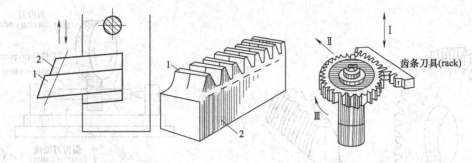

(a) 齿条类刀具(rack-type cutter)   (b) 切齿图解(diagram of cutting)

图 5.92 齿条类刀具加工齿轮图解 (diagram of cutting gears with rack-type cutters)
1—合金工具钢 (tool-alloy-steel cutter)；2—碳钢刀垫 (carbon-steel shim)

齿，所以飞刀可以看做是单齿的蜗轮滚刀，由于它的刀
齿数目少，因而加工生产率比滚刀低得多。但是它的结
构简单，制造容易，因而较适于在修配工作中或在单件
小批生产中加工蜗轮。用飞刀加工蜗轮，需在具有切向
刀架的滚齿机上进行。加工时，飞刀每转一转，蜗轮转
过的齿数等于工作蜗杆的头数，这就是分齿运动。为了
切出蜗轮的正确齿形，用飞刀加工蜗轮时工件还必须有
展成运动。

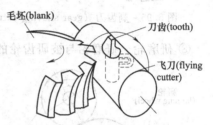

图 5.93 飞刀加工蜗轮 (worm wheel cutting with flying cutter)

⑥ 展成车刀 图 5.94 所示的是另一类展成刀具，
它在专用机床上或改装的车床上以车削方式加工各种形状的回转体，如蜗杆、丝杠、手柄和齿
轮等。

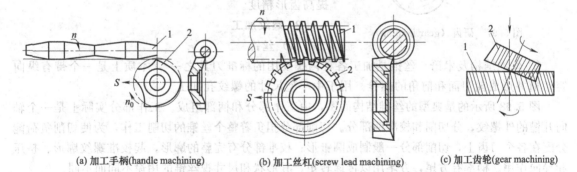

(a) 加工手柄(handle machining)   (b) 加工丝杠(screw lead machining)   (c) 加工齿轮(gear machining)

图 5.94 展成旋转刀的应用 (applications of generating turning cutter)
1—工件 (workpiece)；2—展成旋转刀 (generating turning cutter)

⑦ 剃齿刀 图 5.95 所示的剃齿刀常用于未淬火的软齿面圆柱齿轮的精加工，其精度可达
6 级以上，且生产效率很高。

如图 5.96 所示，剃齿加工在原理上属于一对交错轴斜齿轮啮合传动过程。剃齿刀实质上
是一个高精度的螺旋齿轮，并且在齿面上沿齿向开了很多刀刃槽，其加工过程就是剃齿刀带动
工件做双面无侧隙的对滚，并对剃齿刀和工件施加一定压力，在对滚过程中二者沿齿向和齿形
面均产生相对滑移，利用剃齿刀沿工件齿向切去一层很薄的金属，在工件的齿面方向因剃齿刀
无刃槽，虽有相对滑动，但不起切削作用。

剃齿刀按其结构，分为三种：齿条形剃齿刀、盘形剃齿刀、蜗轮剃齿刀。

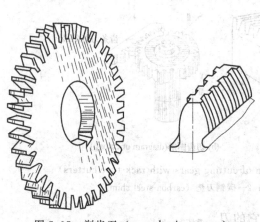

图 5.95　剃齿刀（gear shaving cutter）

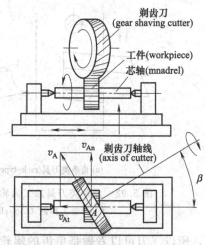

图 5.96　剃齿加工（gear shaving）

⑧ 研磨轮　研磨轮与被研齿轮的轴线平行，研磨时被研齿轮带动研磨轮做无侧隙的自由啮合运动，如图 5.97 所示，被研齿轮还做轴向往复运动，研磨轮被轻微制动。经一段时间后，研磨轮和被研齿轮做反向旋转，使齿的两个侧面被均匀研磨。由于齿面的滑动速度不均匀，研磨量也不均匀，在齿顶及齿根部分的滑动速度大，研磨量也大。

采用精密的铸铁齿轮配合磨粒粒度在 $220^{\#} \sim 240^{\#}$ 的研磨膏，加工精度可达 IT7～IT6，表面粗糙度 Ra 为 $1.6 \sim 0.2 \mu m$。只能降低表面粗糙度，不能提高齿形精度。

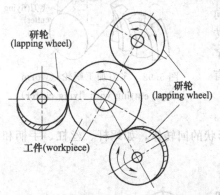

图 5.97　研齿（gear lapping）

2. 螺纹加工

(1) 丝锥

① 丝锥结构及术语　丝锥是加工各种内螺纹用的标准刀具之一，本质上是一个带有纵向容屑槽并形成前刀面和前角的螺栓。用于中小型尺寸的螺纹孔加工。

图 5.98 所示的是典型的丝锥结构简图，由工作部分和柄部组成。工作部分实际上是一个轴向开槽的外螺纹，分切削和校准两部分。切削部分担负着整个丝锥的切削工作，为使切削负荷能分配在各个刀齿上，切削部分一般制成圆锥形；校准部分有完整的廓形，起校准螺纹廓形、挤压和导向作用。柄部有方尾，方尾用以传递转矩，其形状和尺寸视丝锥的用途不同而不同。

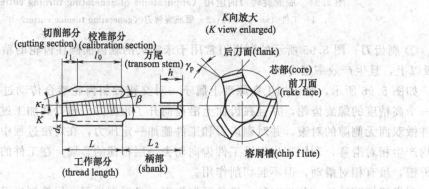

图 5.98　丝锥结构（structure of screw tap）

丝锥的术语见图 5.99。方尾端头有三种形式：尖锥型、锥台型和平端型。后刀面分为三类：不铲背、偏心铲背和局部偏心铲背。

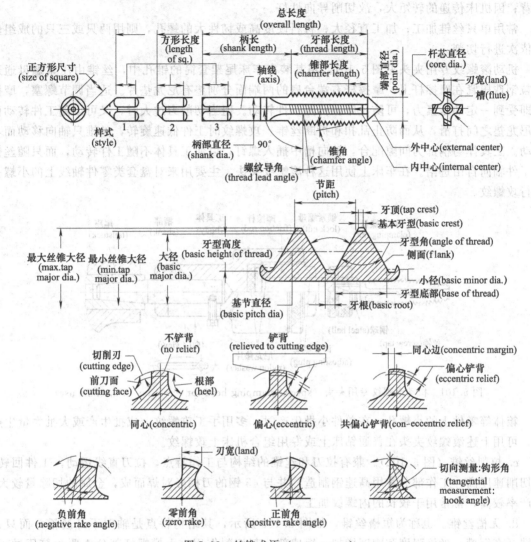

图 5.99 丝锥术语（taper terms）

② 丝锥分类 分为手动丝锥、机动丝锥、拉削丝锥和无槽丝锥。

a. 手动丝锥。如图 5.100（a）所示，常常用于小批和单件修配工作，齿形不铲背。

中小规格的通孔丝锥，单只丝锥一次加工完成；螺孔尺寸较大和在材料较硬、强度较高的工件上加工盲孔螺纹时，成组丝锥依次切削。

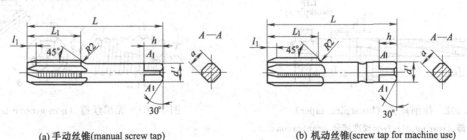

(a) 手动丝锥(manual screw tap)　　(b) 机动丝锥(screw tap for machine use)

图 5.100 丝锥（screw tap）

　　b. 机动丝锥。如图 5.100（b）所示，机动丝锥是用专门的辅助工具装夹在机床上由机床传动来切削螺纹的。它的刀柄除有方头外，还有环形槽，以防止丝锥从夹头中脱落；齿形均经铲背；因机床传递的转矩大，故切削导向性好。

　　常用单只丝锥加工；加工直径大、材料硬度高或韧性大的螺孔，则用两只或三只的成组丝锥依次进行切削。

　　机动滚螺纹专用夹头见图 5.101，将其装在车床尾架套筒的锥孔中，丝锥由压紧螺母通过四粒钢珠压紧在摩擦杆上，摩擦杆右端台肩的两端面分别垫有尼龙垫片。适当调节螺塞，摩擦杆即受到一定的压紧力，可防止摩擦杆随工件转动。但当切削力过大时，又可以随工件转动而在尼龙垫之间打滑，从而防止乱扣和折断丝锥。攻螺纹时工件低速旋转，丝锥只轴向移动而不转动。工具体与柄部为间隙配合，轴向槽中插入螺钉，以使工具体不随工件转动，而只随丝锥沿工件轴向自由进给。在车床上使用这种滚螺纹夹头，主要用来对盘套类零件轴线上的小螺孔进行攻螺纹。

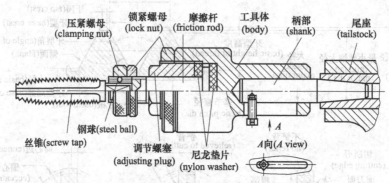

图 5.101　机动滚螺纹专用夹头（special clamping head for screw tap in machine use）

　　箱体等零件上的小螺孔，在单件小批生产时，多用手工攻螺纹，成批生产或大批大量生产时，可用上述滚螺纹夹头在普通钻床上或专用组合机床上攻螺纹。

　　c. 拉削丝锥（图 5.102）。兼有拉刀和丝锥的结构与工作特点，拉刀直线运动，工件回转。因切削速度高，工作部分常用高速钢制造，并与 45 钢的刀柄经对焊而成，金属的切除量较大，生产率较高，常常用于较长的内螺纹加工。

　　d. 无槽丝锥。也称为短槽丝锥，如图 5.103 所示，其结构特点是轴向不开通槽，而只在前端开有短槽；丝锥强度和刚度增加，短槽部分起切削作用，无槽螺杆部分主要为挤压过程，螺纹加工质量提高，表面呈现压应力状态。由于切削部分前刀面上各点的前角是变化的，切削锥小端处的前角大，因此切削力小，而且切屑向前导出，可解决排屑问题。

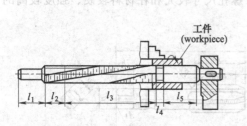

图 5.102　拉削丝锥（broaching taper）

l_1—后导部（rear pilot）；l_2—校准部分（calibration section）；l_3—切削部分（cutting section）；l_4—颈部（neck）；l_5—前导部（front guide）

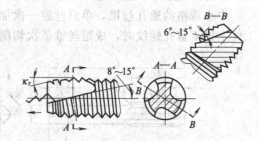

图 5.103　无槽丝锥（non-groove taper）

适用于难加工材料上的通孔螺纹，能获得较高的螺纹质量。

（2）板牙

是加工外螺纹的标准刀具之一，套螺纹常用圆板牙，如图 5.104 所示，它的基本结构是一个螺母，在端面上钻出几个排屑孔以形成刀刃，两端磨出切削锥，中间部分为校准齿。圆板牙结构简单，使用方便，价格低廉。圆板牙的螺纹廓形是内表面，难以磨削，热处理产生的变形等缺陷无法消除，影响被加工螺纹质量和圆板牙的寿命，故圆板牙的加工精度一般较低。

在单件、小批量生产及修配中应用仍很广泛，但仅用来加工精度和表面质量要求不高的螺纹。如图 5.105 所示，板牙分为以下类型：整体不可调板牙［图 5.105（a）］，实现定尺寸加工；整体可调板牙［图 5.105（b）］和弹性类收口式可调板牙［图 5.105（c）］实现半定尺寸加工，即牙形参数不变，而螺杆直径参数在一定范围内可调节改变。

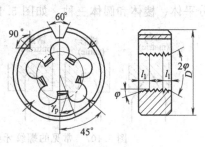

图 5.104　圆板牙
（circular screw die）

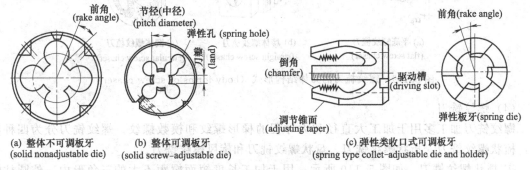

(a) 整体不可调板牙
(solid nonadjustable die)

(b) 整体可调板牙
(solid screw–adjustable die)

(c) 弹性类收口式可调板牙
(spring type collet–adjustable die and holder)

图 5.105　板牙的类型（types of screw dices）

根据图 5.105（c）所示的结构和原理，将其四个牙条改变为四把可调整和重磨的成形梳刀（图 5.106），从根本上解决了板牙的因磨损报废而造成的资源浪费问题。

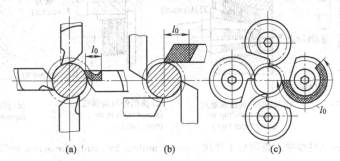

(a)　　　(b)　　　(c)

图 5.106　螺纹加工板牙工具头（threading die heads）
l_0—可重磨的最大刀具材料厚度（maximum layer of stock available for sharpening）

（3）螺纹车刀、梳刀

① 用螺纹车刀车削内、外螺纹　在卧式车床和丝杠车床上用螺纹车刀车削螺纹时，螺纹的廓形由车刀的刃形所决定，如图 5.107 所示，螺距则是依靠调整机床的运动来保证的。这种方法刀具简单、适应性广，不需专用设备，但生产率不高，主要用于单件小批生产。

② 用螺纹梳刀车削螺纹　在成批生产中，常采用各种螺纹梳刀车削螺纹。螺纹梳刀实质上是多齿的螺纹车刀，一般 6～8 个刀齿，分为切削和校准两部分，如图 5.108 所示。切削部

分有切削锥，担负主要切削工作，校准部分廓形完整，起校准和挤压作用。由于有了切削锥，切削负荷均匀地分配在几个齿上，刀具磨损均匀，一般一次进给便能成形，生产率较高。但加工不同螺距、头数、牙型角的螺纹时，必须更换相应的梳刀，因此只适于成批生产。螺纹梳刀分平体、棱体和圆体三种，如图 5.109 所示，其中以圆体螺纹梳刀用得最多。

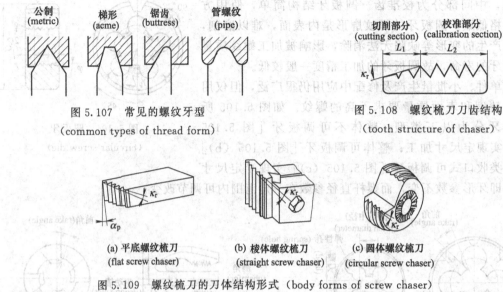

图 5.107　常见的螺纹牙型　　　　　　　　　　　　图 5.108　螺纹梳刀刀齿结构
（common types of thread form）　　　　　　　　（tooth structure of chaser）

(a) 平底螺纹梳刀　　　　(b) 棱体螺纹梳刀　　　　(c) 圆体螺纹梳刀
(flat screw chaser)　　　(straight screw chaser)　　(circular screw chaser)

图 5.109　螺纹梳刀的刀体结构形式（body forms of screw chaser）

(4) 螺纹铣刀

螺纹铣刀加工多用于加工大直径和大导程的梯形螺纹和模数螺纹。螺纹铣刀分为四种类型：梳状螺纹铣刀、指状螺纹铣刀、盘状螺纹铣刀和旋风螺纹铣刀。

① 梳状螺纹铣刀　如图 5.110 所示，用于加工长度短而螺距不大的三角形内、外圆柱螺纹和圆锥螺纹，也可加工大直径的螺纹和带肩螺纹。

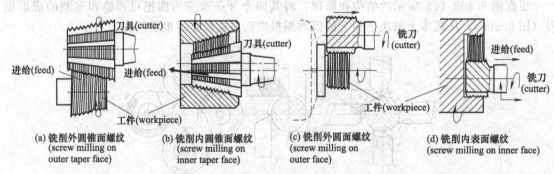

(a) 铣削外圆锥面螺纹　　(b) 铣削内圆锥面螺纹　　(c) 铣削外圆面螺纹　　(d) 铣削内表面螺纹
(screw milling on　　　(screw milling on　　　(screw milling on　　(screw milling on inner face)
outer taper face)　　　inner taper face)　　　outer face)

图 5.110　梳状螺纹铣刀铣削加工螺纹（screw milling by comb-like screw milling cutter）

② 指状螺旋槽铣刀　图 5.111 所示的是采用指状铣刀铣削挤出螺杆的原理图。刀具回转运动为主运动，工件绕自身轴旋转并严格配合铣刀的轴向移动形成螺旋槽的进给运动，即工件回转一周，刀具轴向移动一个螺旋槽的导程值，从而加工出螺旋槽。

③ 盘状螺旋槽铣刀　图 5.112 所示为在普通万能铣床上用盘形螺纹铣刀铣削梯形螺纹。工件安装在分度头与顶尖上，调整刀轴位置使其处于水平位置，并与工件轴线成螺纹升角 ψ。铣刀高速旋转，工件在沿轴向移动一个导程的同时需旋转一周。这一运动关系通过工作台纵向进给丝杠和分度头之间的挂轮予以保证。若铣削多线螺纹，可利用分度头分线，依次铣削各条螺纹。用于铣切螺距较大、长度较长的螺纹，如单头或多头的梯形螺纹和蜗杆等。

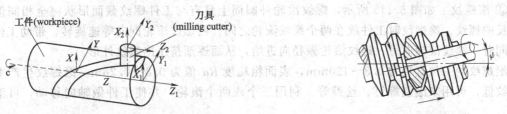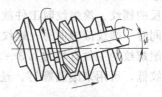

图 5.111　指状铣刀铣削挤出螺杆（extrusion screw machining by finger-like milling cutter）

图 5.112　盘形螺旋纹铣刀（discoid screw milling cutter）

④ 旋风螺纹铣刀　旋风法铣削螺纹，常在改装的车床上进行。如图 5.113 所示，工件装在车床的卡盘或顶尖上，做低速转动（4～25r/min），装有 1～4 个刀头的旋风刀盘安装在车床的横向滑板上，靠专用电动机带动，以 1000～1600r/min 的高速旋转。工件旋转一周时，刀盘纵向移动一个导程。刀盘轴线与工件轴线成螺纹升角 φ，两者旋转中心有一偏心距，使刀头只在 A—A 圆周上接触工件，每个刀头仅切去一小片金属，刀刃在工作时得到充分冷却。因此，一般都为一次进给完成加工，生产率较高，比盘状螺纹铣刀高 3～8 倍。但铣头调整较麻烦，加工精度不太高，主要用于大批量生产螺杆或作为精密丝杠的粗加工。

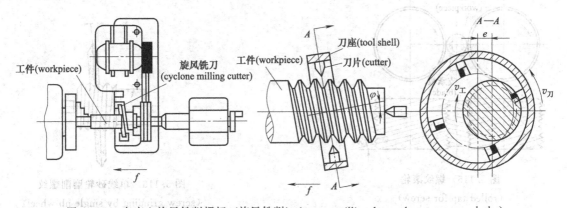

图 5.113　车床上旋风铣削螺杆（旋风铣削）（screw milling by cyclone cutter on lathe）

（5）无屑高效加工螺纹工具

螺纹滚压是一种无屑加工法，它是利用压力加工方法使金属产生塑性变形而形成各种圆柱形或圆锥形螺纹。由于滚压后，工件材料纤维未被切断，所以成品的物理力学性能比切削加工好。滚压加工生产率高，可节省金属材料，工具耐用度高，因此适用于大批量生产。螺纹滚压的方法有搓螺纹和滚螺纹两种。

① 搓螺纹　如图 5.114 所示，搓螺纹时，工件放在固定螺纹搓丝板（静板）与活动螺纹搓丝板（动板）之间。两搓丝板的平面上均有斜槽，其截面形状与待搓螺纹的牙型相符。当活动搓丝板移动时，即在工件表面挤压出螺纹。

搓螺纹的最大直径为 25mm，精度可达 5 级，表面粗糙度 Ra 值为 1.6～0.8μm。

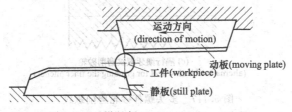

图 5.114　搓丝板（plate die for screw）

② **滚螺纹** 如图5.115所示，螺纹滚轮外圆周上具有与工件螺纹截面形状完全相同但旋向相反的螺纹。滚螺纹时工件放在两个螺纹滚轮之间。两螺纹滚轮同向等速旋转，带动工件旋转，同时一螺纹滚轮向另一螺纹滚轮做径向进给，从而逐渐挤压出螺纹外形。

滚螺纹的工件直径为0.3~120mm，表面粗糙度Ra值为0.8~0.2μm。滚螺纹生产率较搓螺纹低，可用来滚制螺钉、丝锥等。利用三个或两个滚轮，并使工件做轴向移动，可滚制丝杠。

（6）螺纹磨具

精密螺纹，如螺纹量规、丝锥、精密丝杠及齿轮滚刀等，在车削或铣削之后，需在专用螺纹磨床上进行磨削。螺纹磨削有单线砂轮磨削和多线砂轮磨削两种，前者应用较为普遍。

单线砂轮磨削螺纹如图5.116所示，砂轮轴线相对于工件轴线倾斜一个螺纹升角ψ，经修整后，砂轮在螺纹轴向截面上的形状与螺纹的牙槽相吻合。磨削时，工件装在螺纹磨床的前、后顶尖之间，工件每转一周，同时沿轴向移动一个导程。砂轮高速旋转，并在每次磨削行程之前，做径向进给，经多次行程完成加工。对于螺距小于1.5mm的螺纹，可不经预加工，采用较大的背吃刀量和较小的工件进给速度，经一次或两次行程直接磨出螺纹。

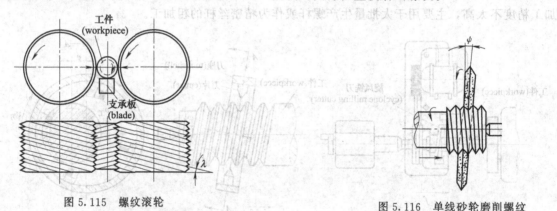
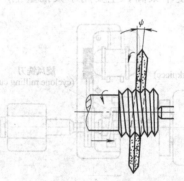

图5.115　螺纹滚轮

(rolled tap for screw)

图5.116　单线砂轮磨削螺纹

(screw grinding by single nb wheel)

图5.117所示的是多线砂轮磨削螺纹。

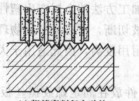

(a) 粗精磨削复合砂轮　　　　　　　　　(b) 多牙螺纹磨削砂轮
(wheel with edges for roughing and finishing)　(multi–ribbed type of thread–grinding wheel)

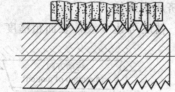

(c) 隔行细牙螺纹磨削砂轮
(alternate–ribbed wheel for grinding the finer pitches)

图5.117　多头螺杆砂轮磨削螺纹

(screw grinding by multi-ribbed screw grinding wheel)

习题

一、简答题

1. 刮研用于何种场合?

2. 锉刀有哪些形状(结构形式)?

3. 成形车刀有哪些类型?

4. 铣刀有哪些基本类型?

5. 孔加工刀具有哪些基本类型?

6. 试述内喷钻的用途及应用场合。

7. 试述套料钻的用途及应用场合。

8. 试述复合刀具的优点和应用场合。

9. 加工中做直线运动的刀具有哪些?

10. 齿轮加工有哪些方法?滚齿和插齿加工的应用场合有何差异?

11. 无屑高效加工螺纹的方法有哪些?

二、选择题

1. 加工钢和铸铁的标准麻花钻的原始顶角 $2\varphi_o$ = (　　)。

A. 180°　　　　　　B. 140°　　　　　　C. 118°　　　　　　D. 100°

2. 立铣刀常用于加工 (　　)。

A. 平面　　　　　　B. 沟槽和台阶面　　C. 成形表面　　　　D. 回转表面

3. 下列四种齿轮刀具中,用展成法加工齿轮的刀具是 (　　)。

A. 盘形齿轮铣刀　　B. 指形齿轮铣刀　　C. 齿轮拉刀　　　　D. 齿轮滚刀

4. 下列四种齿轮刀具中,可以加工内齿轮的是 (　　)。

A. 盘形齿轮铣刀　　B. 插齿刀　　　　　C. 滚齿刀　　　　　D. 指形铣刀

5. 钻削时,主要产生轴向力的切削刃是 (　　)。

A. 主切削刃　　　　B. 副切削刃　　　　C. 横刃　　　　　　D. 过渡刃

6. 直齿圆柱铣刀逆铣时,由切入到切出每齿切削厚度的变化规律是 (　　)。

A. 由最大到零　　　　　　　　　　　B. 由零到最大

C. 由小到大又变小　　　　　　　　　D. 由大到小又变大

7. 铣刀在切削区切削速度的方向与进给速度方向相同的铣削方式是 (　　)。

A. 顺铣　　　　　　B. 逆铣　　　　　　C. 对称铣　　　　　D. 不对称铣

8. 深孔加工的关键技术是 (　　)。

A. 深孔钻的刚度、冷却和排屑问题　　B. 刀具在内部切削、无法观察

C. 刀具振动　　　　　　　　　　　　D. 钻削时间长,容易磨钝

9. 中心钻的锥面所钻的锥孔角度是 (　　)。

A. 80°　　　　　　　B. 40°　　　　　　C. 60°　　　　　　D. 45°

10. 套料钻又叫做环孔钻,适合于 (　　) 加工。

A. 薄板大通孔　　　B. 薄板盲孔　　　　C. 特厚板通孔　　　D. 厚板盲孔

11. 内喷麻花钻的两个内喷孔是 (　　)。

A. 直圆孔　　　　　B. 锥孔　　　　　　C. 螺旋圆孔　　　　D. 方形孔

12. 能够加工多联外齿的小齿轮的刀具是 (　　)。

A. 滚刀　　　　　　B. 插齿刀　　　　　C. 蜗杆滚刀　　　　D. 拉刀

13. 精铰深孔时，孔的直线度必须预先保证，否则（ ）会出现直线度误差。

A. 一定 B. 不一定 C. 一定不 D. 有可能

14. 拉刀适合于（ ）的生产类型。

A. 单件生产 B. 小批量 C. 大批大量 D. 中等批量

15. 枪钻适合于加工深孔，其冷却润滑液从（ ）。

A. 外部喷入 B. 刀杆内部压力刀尖处喷出

C. 横刃吸入 D. 左边进右边出

三、填空题

1. 钻头、扩孔刀、铰刀、拉刀、丝锥、板牙，其自身的尺寸不能调整来改变，因而是_____刀具。

2. 钻头每转进给量 $f = 0.1\text{mm/r}$，则每齿进给量为_____。

3. 钻头刃磨正确，切削对称时，钻削中的_____分力应为零。

4. 钻削时的扭矩主要是由主切削刃上_____分力产生的。

5. 用圆柱铣刀铣削带有硬皮的工件时，铣削方式不能选用_____。

6. 铰刀按使用方式通常分为_____铰刀和_____铰刀。

7. 盘形齿轮铣刀是用_____法加工齿轮的。

8. 用展成法加工齿轮的刀具，除齿轮滚刀、插齿刀外，还有_____刀。

9. 解决钻屑宽、排屑难的方法是在两主切削刃的后刀面上磨出_____。

10. 插齿刀的端面内凹是为了形成_____角。

11. 插齿刀呈现上小下大的锥形结构是为了形成_____角。

12. 螺纹加工最高效率的加工方法是_____和_____。

13. 成形车刀、拉刀属于_____刀具，需要定制或专门设计，设计制造周期较长，适合于大批大量生产。

14. 车床上滚花加工不会产生_____，属于无屑加工。

15. 锪刀（钻）一般用于加工_____、倒角和_____。

16. 群钻又叫做_____钻（填入人名）。

四、判断题

1. 可调手动铰刀、可调板牙也属于定尺寸刀具。（ ）

2. 螺纹滚压是一种无屑加工方法。（ ）

3. 用标准麻花钻钻孔时，轴向力最大，消耗功率最多。（ ）

4. 直齿圆柱铣刀比螺旋齿圆柱铣刀铣削平稳性好。（ ）

5. 板牙是一种常用的加工精度较高的外螺纹刀具。（ ）

6. 螺纹梳刀与螺纹车刀相比较，生产效率高。（ ）

7. 插齿刀是用成形法加工齿轮的。（ ）

8. 齿轮滚刀是加工外啮合直齿和斜齿圆柱齿轮最常用的刀具。（ ）

9. 过渡刃在精加工时，主要起增强刀具强度的作用。（ ）

10. 当刀具后角不变时，减小前角，使楔角增大，刀具强度提高。（ ）

11. 镗刀、铰刀、拉刀等采用浮动连接时都不会改变加工的孔与其他表面间的位置精度。
（ ）

12. 插齿刀有齿形插齿刀和齿条插齿刀之分。（ ）

第六章

机床与应用

机床作为工作母机，其水平的高低直接关系到一个国家的工业发展水平。也是工艺系统的最重要组成部分。

第一节 机床分类与选用

按照使用的刀具不同，机床可分为车床、钻床、镗床、磨床、齿轮加工机床、螺纹加工机床、铣床、刨（插）床、拉床、超声波及电加工机床、切断机床、其他机床共12大类。

每一大类中的机床，按结构、性能和工艺特点还可细分为若干组，每一组又细分为若干系（系列），如立式或卧式，单轴或多轴，液压或机械。

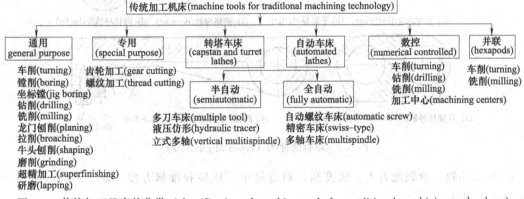

图 6.1 传统加工机床的分类 （classification of machine tools for traditional machining technology）

图 6.1 是按照机床的通用性、自动化程度的分类，增加了数控机床、并联机床等新内容。

机床的选用除了考虑工件加工表面的结构、尺寸、材料性质和加工（质量）技术要求外，还需考虑其生产纲领的大小，即从生产率和适应性加以考虑，如图 6.2 所示。如通用机床灵活性大，适应性强，但是其效率低，对操作者的技术要求高，故更多地用于多品种、小批量或单件生产模式，如维修车间；而专用机床或单一功能机床效率高、适应性差，对操作者技术要求不高，常常用于品种单一的

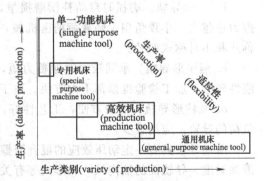

图 6.2 基于生产能力的机床应用 （application of machine tools based on their capability）

大批大量生产，如滚动轴承、汽车发动机的制造普遍采用专用机床或单一功能机床。

第二节　机床重要功能部件

一台机床质量的好坏、水平的高低、精度的高低主要取决于其主要的功能部件，如导轨、主轴、传动装置等。

1. 导轨与床身

（1）导轨

导轨作为承载和导向元件，关系到加工过程中刀具与工件之间的运动精度、工艺系统刚度，最终影响到加工的尺寸、形状和位置精度以及表面质量的好坏。导轨应满足精度高、承载能力大、刚度好、摩擦阻力小、运动平稳、精度保持性好、寿命长、结构简单、工艺性好、便于加工、装配、调整和维修、成本低等要求。

导轨分为三类：滑动导轨、滚动导轨和流体静压导轨。

① 滑动导轨　如图 6.3 所示，滑动导轨根据截面形状不同主要有 V 形（三角形/山形）导轨、平面（矩形）导轨、燕尾形导轨和圆柱形导轨四种。单个的圆柱形导轨不能防转，故常常与其他导轨（或圆柱形）组合使用，如图 6.3（e）、（f）所示，各种导轨也可互相组合。每种导轨副中还有凹、凸之分。

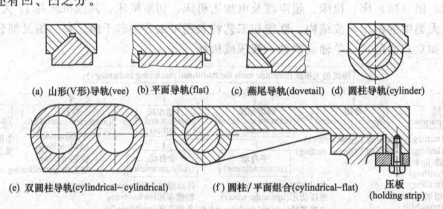

(a) 山形(V形)导轨(vee)　(b) 平面导轨(flat)　(c) 燕尾导轨(dovetail)　(d) 圆柱导轨(cylinder)

(e) 双圆柱导轨(cylindrical–cylindrical)　(f) 圆柱/平面组合(cylindrical–flat)　压板 (holding strip)

图 6.3　导轨的种类（types of guideway）

a. 矩形导轨。承载能力大、刚度高、制造简单、检验和维修方便。适于载荷较大而导向要求略低的机床。

b. V 形导轨。磨损时自动补偿磨损量，不产生间隙。导轨顶角越小，导向性越好，但摩擦力也越大。小顶角用于轻载荷精密机械，大顶角用于大型或重型机床。V 形导轨结构有对称式和不对称式两种。

c. 燕尾形导轨。承载较大的颠覆力矩，导轨的高度较小，结构紧凑，间隙调整方便。但刚性较差，加工检验维修都不大方便。适于受力小、层次多、要求间隙调整方便的部件。

d. 圆柱形导轨。制造方便，工艺性好，但磨损后较难调整和补偿间隙。主要用于受轴向负荷的导轨，应用较少。

滑动导轨具有一定动压效应的混合摩擦状态。导轨的动压效应主要与导轨的摩擦速度、润滑油黏度、导轨面的油沟尺寸和形式等有关。速度较高的主运动导轨，应合理设计油沟形式和尺寸，选择合适黏度的润滑油，以产生较好的动压效果。优点是结构简单、制造方便和抗振性好，缺点是磨损快。

减摩导轨（图 6.4）：为提高耐磨性，广泛采用塑料导轨和镶钢导轨。塑料导轨使用黏结法或涂层法覆盖在导轨面上。通常对长导轨喷涂法、对短导轨用黏结法。塑料导轨有摩擦因数小、耐磨性高、抗撕伤能力强、低速不易爬行、运动平稳、工艺简单、化学性能好、成本低等特点。

导轨面间的间隙对机床工作性能有直接影响，如果间隙过大，影响运动精度和平稳性；间隙过小，运动阻力大，导轨的磨损加快。因此必须保证导轨具有合理间隙，磨损后又能方便地调整。导轨常用压板、镶条来调整。

压板（图 6.5）用来调整导轨面的间隙和承受颠覆力矩。

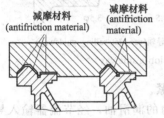

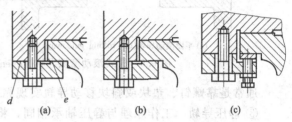

图 6.4 覆盖减摩材料的导轨（guide way covered by antifriction material）

图 6.5 压板调整导轨面间隙（guide clearance adjusting by pressing plate）

镶条是矩形导轨和燕尾形导轨的侧向间隙。有平镶条（图 6.6）和斜镶条（图 6.7）两种。

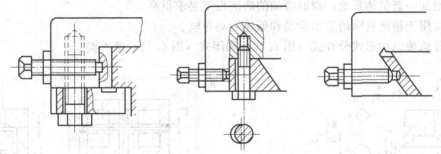

图 6.6 移动镶条调整导轨间隙（guide clearance adjusting by moving inlaid strip）

如图 6.8 所示，机床导轨常常采用以下组合方式。

a. 双三角形导轨 [图 6.8（a）]。不需要镶条调整间隙，接触刚度好，导向性和精度保持性好，但工艺性差，加工、检验和维修都不方便。

b. 双矩形导轨 [图 6.8（b）]。承载能力大、制造简单。导向方式有两种：宽式组合和窄式组合。

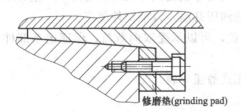

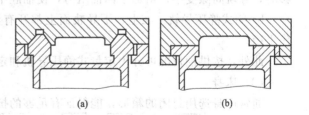

图 6.7 斜镶条调整导轨面间隙（clearance adjusting by clination inlaid pad）

图 6.8 组合导轨（combination of guides）

c. 矩形和三角形导轨的组合。导向性好，刚性好，制造方便，应用最广。

d. 矩形和燕尾形导轨的组合。能承受较大力矩，调整方便，多用在横梁、立柱、摇臂导轨中。

② 滚动导轨 滚动导轨与滑动导轨相比，优点是摩擦因数小，动、静摩擦因数很接近。

缺点是抗振性差，但可以通过预紧方式提高，结构复杂，成本高。

根据滚动体的不同分为滚珠、滚柱和滚针三类，如图 6.9 所示，图 6.9（a）中左边为滚珠，右边为滚柱。图 6.9（b）中左右皆为滚针。

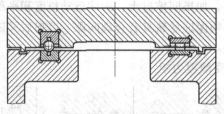 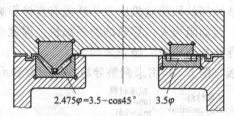

(a) 平面滚动导轨(flat rolling guideway)　　(b) V形/平面滚动导轨(vee-flat rolling guideway)

图 6.9　开式滚动摩擦导轨（open-type rolling friction guideway）

通常是靠螺钉、垫块或斜块移动导轨实现靠尺寸差达到预紧。

③ 静压导轨　工作原理与静压轴承相同，将具有一定压力的润滑油，经节流器输入导轨面上的油腔，即可形成承载油膜，使导轨面之间处于纯液体摩擦状态。

静压导轨的优点是导轨运动速度的变化对油膜厚度的影响很小；载荷的变化对油膜厚度的影响很小；液体摩擦，摩擦因数仅为 0.005 左右，油膜抗振性好。缺点是导轨自身结构比较复杂；需要增加一套供油系统；对润滑油的清洁程度要求很高。

主要应用于精密机床的进给运动和低速运动导轨。

静压导轨按结构形式分开式（图 6.10）和闭式（图 6.11）两大类。

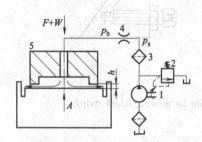 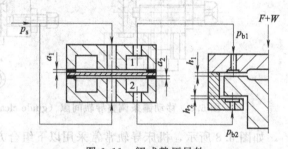

图 6.10　开式静压导轨　　　　　　　　图 6.11　闭式静压导轨
(open hydrostatic guideway)　　　　　(close hydrostatic guideway)

a. 开式静压导轨。压力油经节流器进入导轨的各个油腔，使运动部件浮起，导轨面被油膜隔开，油腔中的油不断地通过封油边而流回油箱。当动导轨受到外载荷作用向下产生一个位移时，导轨间隙变小，增加了回油阻力，使油腔中的油压升高，以平衡外载荷。

b. 闭式静压导轨。在上、下导轨面上都开有油腔，可以承受双向载荷，保证运动部件工作平稳。

此外，按供油情况可分为定量式静压导轨和定压式静压导轨。

（2）床身

通常床身选用封闭的箱形，能保证有足够的抗弯和抗扭强度，如图 6.12 所示。

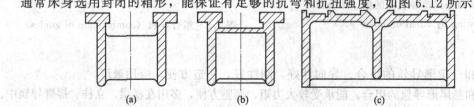

图 6.12　机床床身断面图（cross sections of bed）

床身材料通常有铸铁、钢板和型钢、预应力钢筋混凝土、天然花岗岩、树脂混凝土等。

① 铸铁［图 6.13（a）］ 铸造性能好，阻尼系数大，振动衰减性能好，成本低，适于成批生产，容易制造整体结构。要进行时效处理，以消除内应力。

② 钢板和型钢［图 6.13（b）］ 制造周期短，刚性好，便于产品更新和结构改进，重量轻。床身一般采用钢板与型钢焊接而成。

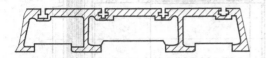

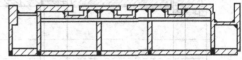

(a) 铸铁整体铸造(monoblock casting of cast iron)　　(b) 钢板与型钢焊接(welding of steel plates with section steel)

图 6.13　床身材料（bed materials）

③ 预应力钢筋混凝土　抗振性好，成本低。

④ 天然花岗岩/大理石　性能稳定，精度保持性好，抗振性好，热稳定性好，抗氧化性强，不导电，抗磁，与金属不黏结，加工方便。三坐标测量仪的支承台常常采用大理石。

⑤ 树脂混凝土　如图 6.14 所示，刚度高，具有良好的阻尼性能，抗振性好，热稳定性高，质量小，有良好的几何形状精度，极好的耐蚀性，成本低，无污染，生产周期短，床身静刚度高，且可以预埋金属或添加加强纤维来提高某些力学性能。

为了改善阻尼特性：对于铸件支承件，铸件内砂芯不清除（图 6.15），或在支承件中填充型砂或混凝土等阻尼材料，可以起到减振作用。对焊接支承件，除了可以在内腔中填充混凝土减振外，还可以充分利用结合面间的摩擦阻尼来减小振动，即采用分段焊缝可增大阻尼。

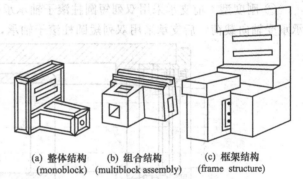

(a) 整体结构　　(b) 组合结构　　(c) 框架结构
(monoblock)　(multiblock assembly)　(frame structure)

图 6.14　树脂混凝土床身的结构形式
(structure forms of resin concrete bed)

2. 主轴及轴承配置

如图 6.16 所示，机床主轴在运行和工作中承受的总力可以分解为轴向力和径向力两个方向的力，而主轴是靠轴承来支承于箱体的箱壁之上，显然与主轴运动精度密切相关的元件就是轴承。主轴轴承配置形式应根据刚度、转速、承载 能力、抗振性和噪声等要求来选择。

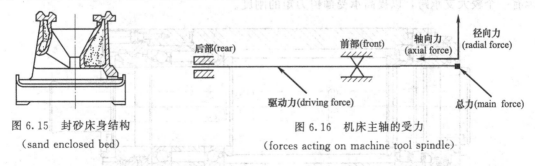

图 6.15　封砂床身结构
（sand enclosed bed）

图 6.16　机床主轴的受力
（forces acting on machine tool spindle）

（1）滚动轴承

常见的几种典型配置形式如下。

① 速度型　主轴前后轴承都采用角接触球轴承（两联或三联）。轴向切削力越大，角度应

越大，且大角度的刚度也大。具有良好的高速性能，承载能力小，如高速 CNC 车床（图6.17）。

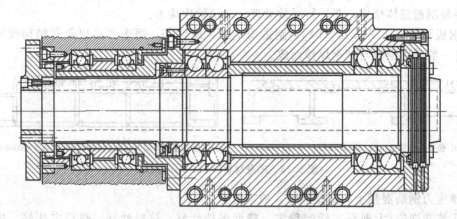

图 6.17　高速数控车床主轴部件（spindle component of high speed CNC lathe）

　② 刚度型　前支承采用双列短圆柱滚子轴承承受径向载荷和 60°角接触球双列向心推力轴承承受轴向载荷，后支承采用双列短圆柱滚子轴承，如数控车床主轴（图6.18）。

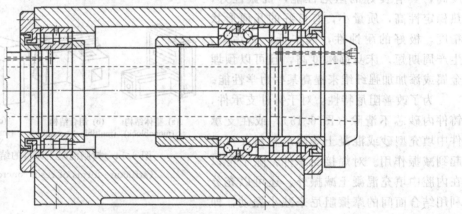

图 6.18　数控车床主轴（spindle of CNC lathe）

　③ 刚度速度型　如图 6.19 所示，前轴承采用双联角接触球轴承，后支承采用双列短圆柱滚子轴承。前轴承的配置特点是外侧的两个角接触球轴承大口朝向主轴工作端，承受主要方向的轴向力；第三个角接触球轴承则通过轴套与外侧的两个轴承背靠背配置，使三联角接触球轴承有一个较大支承跨，以提高承受颠覆力矩的刚度。

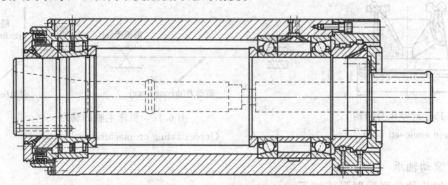

图 6.19　卧式铣床主轴（spindle of horizontal milling machine）

（2）滑动轴承

滑动轴承应有良好的抗振性，旋转精度高，运动平稳，应用于高速或低速的精密、高精密机床和数控机床中。主轴滑动轴承按产生油膜的方式，可分为动压轴承和静压轴承两类。按照流体介质不同可分为液体轴承和气体轴承。

① 动压轴承　动压轴承按油楔数分为单油楔和多油楔。多油楔轴承的轴心位置稳定性好，抗振动和冲击性能好。故多采用多油楔轴承。

多油楔轴承有固定多油楔（图 6.20）和活动多油楔（图 6.21）两类。

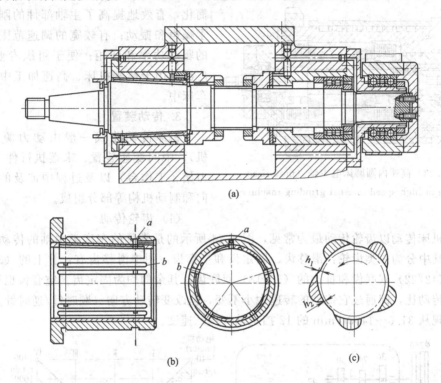

图 6.20　固定多油楔动压轴承（fixed multi-oil wedge hydrodynamic bearing）

② **液体静压轴承**　如图 6.22 所示，包括一套专用供油系统、节流器和轴承。

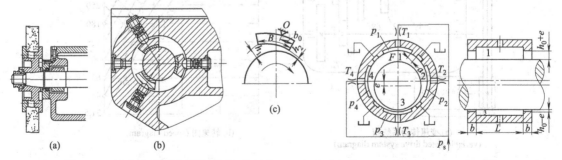

图 6.21　活动多油楔动压轴承（swing
multi-oil wedge hydrodynamic bearing）

图 6.22　定压静压轴承
（constant pressure static bearing）

液体静压轴承与动压轴承相比具有的优点：承载能力高；旋转精度高；油膜有均化误差的作用，可提高加工精度；抗振性好；运转平稳；既能在低速下工作，也能在高速下工作；摩擦小，轴承寿命长。缺点是需要一套专用供油设备，轴承制造工艺复杂、成本高。所用的节流器分为固定节流器和可变节流器。

③ 气体静压轴承 用空气作为介质的静压轴承称为气体静压轴承，也称为气浮轴承或空气轴承，其工作原理与液体静压轴承相同。具有气体静压轴承的主轴结构形式主要有三种：

具有径向圆柱与平面止推型轴承的主轴部件；采用双半球形气体静压轴承；前端为球形，后端为圆柱形或半球形。

（3）电主轴

如图6.23所示，省去了中间传动装置，电动机直接驱动主轴，特点是主轴单元结构大大

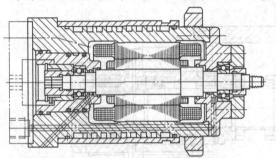

图6.23 高速内圆磨床电主轴（motorized spindle of high speed internal grinding machine）

简化，有效地提高了主轴部件的刚度，降低了噪声和振动；有较宽的调速范围；有较大的驱动功率和转矩；便于组织专业化生产。广泛应用于精密机床、高速加工中心和数控车床中。

3. 传动装置

机床传动路线一般由动力源（如电动机）、中间变速装置、末端执行件（如主轴、刀架、工作台）以及过程中涉及的开停、换向和制动机构等部分组成。

（1）齿轮传动

传统机床传动以齿轮传动最为常见，图6.24所示的是常见的车床类主轴的传动系统图和转速图，其中分为三类齿轮：滑移齿、固定齿和空套齿。图中滑移齿有：Ⅱ上的（36/48/42）三联齿、（42/22）双联齿和Ⅲ上的（60/18）双联齿，其余的均为固定齿。空套齿也称惰轴齿，它不改变传动比，即通过它传动的转速大小不变，但改变转动方向（顺时针/逆时针方向）。图中可以实现从31.5~1400r/min的12挡主轴（Ⅳ）速度。

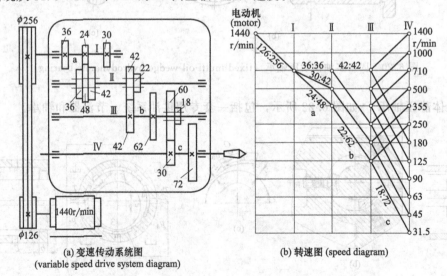

(a) 变速传动系统图
(variable speed drive system diagram)

(b) 转速图 (speed diagram)

图6.24 卧式车床主变速传动系统图和速度图
（variable speed drive system diagram and speed diagram of horizontal lathe）

齿轮传动的特点是结构简单、紧凑，能够传递较大的转矩，能适应变转速、变载荷工作，应用最广。缺点是线速度不能过高，通常小于15m/s，不如带传动平稳。

（2）滚珠丝杠

滚珠丝杠主要用于将电动机传至丝杠的回转运动转变为丝杠螺母的直线运动，从而驱动工作台做进给运动，主要用于现代数控机床。如图 6.25 所示，滚珠丝杠副由螺母、丝杠、滚珠、回珠器、密封环等组成。

滚珠丝杠的摩擦因数小，动作灵敏，传动效率高。滚珠丝杠常采用角接触球轴承或双向推力圆柱滚子轴承与滚针轴承的组合轴承方式。前者一般用在中、小型数控机床，后者则用在轴向刚度高的场合。滚珠丝杠的三种支承方式：一端固定，另一端自由；一端固定，一端简支承；两端固定。

滚珠丝杠螺母副必须消除间隙，并施加预紧力，以保证丝杠、滚珠和螺母之间没有间隙，提高螺母丝杠副的接触刚度，如图 6.26 所示，研磨图 6.26（a）中的调整垫片，图 6.26（b）中的差齿就可实现滚珠丝杠的消除间隙或预紧。

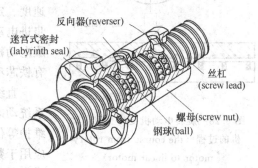

图 6.25　滚珠丝杠副（ball screw assembly）

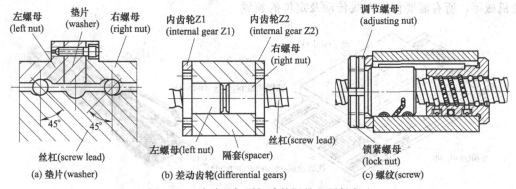

(a) 垫片(washer)　　(b) 差动齿轮(differential gears)　　(c) 螺纹(screw)

图 6.26　滚珠丝杠副间隙的调整和预紧方法
(clearance adjusting and preloading methods for ball screw assembly)

（3）同步齿形带及带轮

如图 6.27 所示，同步齿形带是通过带上的齿形与带轮上的轮齿相啮合传递运动和动力。同步齿形带的齿形有两种：梯形齿和圆弧齿。同步齿形带传动不存在打滑，传动比精准，运动平稳，噪声小。

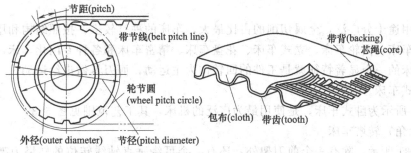

图 6.27　同步齿形带传动（synchronous belt drive）

（4）直线伺服电动机

集动力源和执行装置于一身的直线伺服电动机相当于把旋转电动机的定子和转子按圆柱面展开成平面，成为直线电动机的定子和动子，如图 6.28 所示。

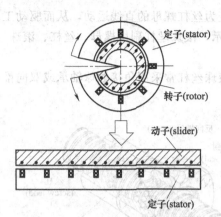

图 6.28 旋转电动机变为直线电动机的过程（the course from rotary motor to linear motor）

直线同步电动机的速度与电源频率始终保持准确的同步关系，控制电源的频率就能控制电动机的速度。伴随着永磁材料性能的不断提高和应用技术的不断发展，电动机越来越多地采用永磁材料。直线永磁同步电动机以其高可靠性和高效率等优势而备受青睐。它在推力、速度、定位精度，效率等方面比直线感应电动机和直线步进电动机具有更多的优点，是一种非常合适的直线伺服电动机。直线同步电动机（图 6.29）分为无铁芯型和有铁芯型。

直线伺服电动机具有高刚度、宽的调整范围、高的系统动态特性、平滑运动、定位精确以及无磨损、不需维护等优点，被广泛应用到生产生活的各个领域，广泛应用于数控机床，木工机械，搬运、输送机械，精密测量仪器，产业自动化机械，电子半导体机械，机械手臂、包装机械等，所有需要精密直线传动及定位的领域。

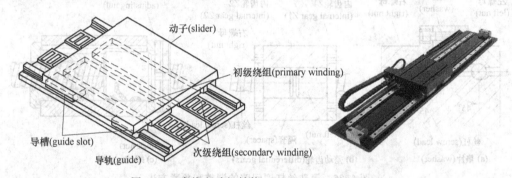

图 6.29　直线电动机结构（linear motor structure）

第三节　传统加工机床

在所有的机床使用中，车床（含自动车床）占比 34%，磨床 30%，铣床 15%，钻镗 10%，刨床 4%，其他机床 7%。

1. 车床

车床的用途十分广泛，金属切削的占比最大，车床的种类较多，按照结构和用途分为卧式车床、转塔车床、回轮车床、立式车床、花盘车床、精密车床和各种专门化车床，车床区别于所有其他机床的一个显著特征就是工件的回转作为主运动，而刀具做进给运动。

（1）卧式车床

图 6.30 所示为卧式车床，是使用最为广泛的机床，其工艺范围见图 6.32。

（2）（六角）转塔车床

如图 6.31 所示，除有一个前刀架外，还有一个可绕垂直轴线转位的转塔刀架。前刀架与卧式车床的刀架类似，既可纵向进给，切削大外圆柱面，又可横向进给，加工端面和内外沟槽；转塔刀架则只能做纵向进给，它可在六个不同面上各安装一把或一组刀具，用于车削内外圆柱面，钻、扩、铰、镗孔和攻螺纹、套螺纹等。转塔刀架设有定程机构，加工过程中，当刀架到达预先调定的位置时，可自动停止进给或快速返回原位。

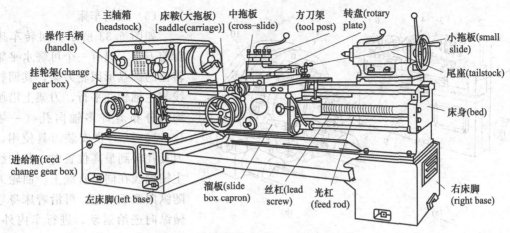

图 6.30 卧式车床 (horizontal lathe)

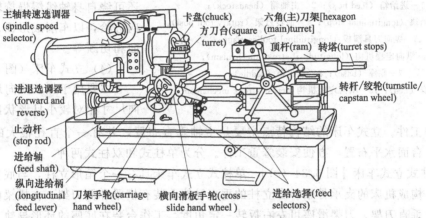

图 6.31 转塔车床 (capstan lathe)

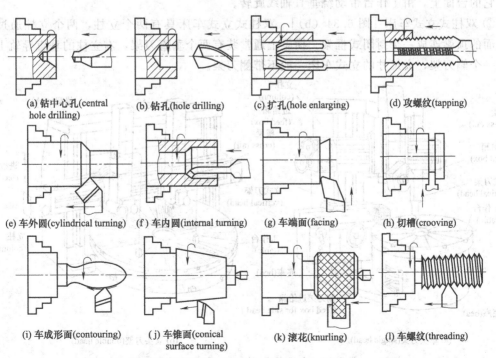

(a) 钻中心孔(central hole drilling)　　(b) 钻孔(hole drilling)　　(c) 扩孔(hole enlarging)　　(d) 攻螺纹(tapping)

(e) 车外圆(cylindrical turning)　　(f) 车内圆(internal turning)　　(g) 车端面(facing)　　(h) 切槽(crooving)

(i) 车成形面(contouring)　　(j) 车锥面(conical surface turning)　　(k) 滚花(knurling)　　(l) 车螺纹(threading)

图 6.32 车床的工艺范围 (various cutting operations on a lathe)

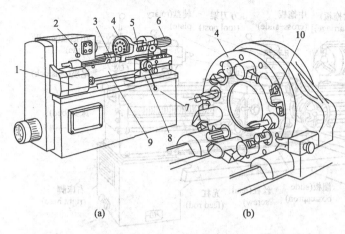

(a)   (b)

图 6.33 回轮车床（lathe with rotary tool post）

1—进给箱（feed box）；2—主轴箱（headstock）；
3—纵向挡块（longitudinal stop）；4—回转刀架（rotary tool post）；
5—纵向刀具溜板（longitudinal tool carriage）；
6—纵向定程机构（longitudinal stroke mechanism）；
7—底座（base）；8—溜板箱（saddle）；
9—床身（bed）；10—横向定程机构（cross stroke mechanism）

（3）回轮车床

如图 6.33 所示，回转车床没有前刀架，只有一个可绕水平轴线转位的圆盘形回轮刀架，其回转轴线与主轴轴线平行，刀架上沿圆周均匀分布着许多轴向孔（一般为 12～16 个），供安装刀具使用，当刀具孔转到最高位置时，其轴线与主轴轴线在同一直线上。回轮刀架随纵向溜板一起，可沿着床身导轨做纵向进给运动，进行车内外圆、钻孔、扩孔、铰孔和加工螺纹等；还可绕自身轴线缓慢旋转，实现横向进给，以车削成形面、沟槽、端面和切断等。

（4）立式车床（图 6.34）

主要用于加工径向尺寸大而轴向尺寸相对较小且形状比较复杂的大型或重型工件。立式车床的结构特点主要是主轴垂直布置，并有一个直径很大的圆形工作台，工作台台面水平布置，方便安装笨重工件。分为单柱式和双柱式两种。

① 单柱式立式车床 [图 6.34 (a)] 单柱式立式车床具有一个箱形立柱，与底座固定地连成一整体，构成机床的支承骨架。在立柱的垂直导轨上装有横梁和侧刀架，在横梁的水平导轨上装有一个垂直刀架，刀架滑座可左右扳转一定角度。工作台装在底座的环形导轨上，工件安装在它的台面上，由工作台带动绕垂直轴线旋转。

② 双柱式立式车床 [图 6.34 (b)] 双柱式立式车床具有两个立柱，两个立柱通过底座和上面的顶梁连成一个封闭式框架。横梁上通常装有两个垂直刀架，右立柱的垂直导轨上有的装有一个侧刀架，大尺寸的立式车床一般不带侧刀架。

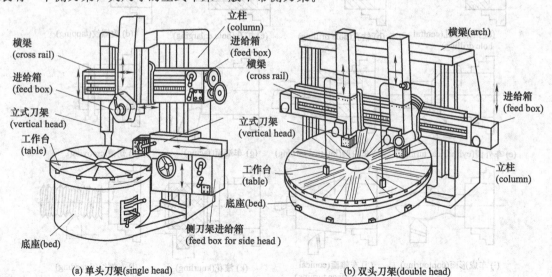

(a) 单头刀架（single head）   (b) 双头刀架（double head）

图 6.34 立式车床（layout of vertical lathe）

（5）花盘车床（图 6.35）

用于加工径向尺寸大而轴向尺寸相对较小的大型非圆柱面工件。以车削端面为主，轴向走刀行程比较短。

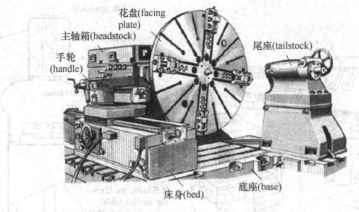

图 6.35　花盘车床（facing lathe）

（6）摩尔精密车床（图 6.36）

采用卧式空气轴承主轴，机床具有三坐标精密数控，金刚石刀具安装在精密回转工作台上，使得加工非球面工件时，刀具垂直于加工表面，目的是提高加工精度和表面质量。机床采取了诸多措施以提高精度，如精密动平衡、消振防振措施、恒温控制等。

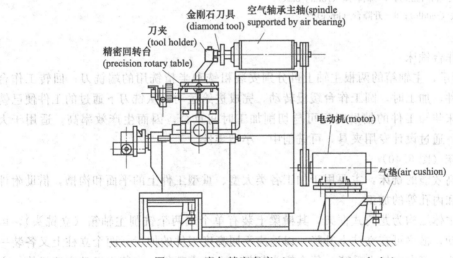

图 6.36　摩尔精密车床（moore precision lathe）

适于各种非球面曲面的镜面加工，特别是铜、铝等有色金属材料。

2. 铣床

铣床是一种用多齿、多刃旋转刀具加工工件的高效、高质、工艺范围广的切削机床。

铣床的种类很多，主要类型有卧式升降台铣床、立式升降台铣床、回转工作台铣床、龙门铣床、双面铣床、仿形铣床以及各种专门化铣床等。

（1）卧式铣床

如图 6.37 所示，机床主轴轴线与工作台台面平行，铣刀安装在与主轴相连接的刀轴上，由主轴带动做旋转主运动，工件装夹在工作台上，由工作台带动工件做进给运动，从而完成铣削工作。卧式铣床又分为卧式升降台铣床和万能升降台铣床。

（2）立式铣床

如图 6.38 所示，其主轴是垂直安置的，其工作台、床鞍及升降台与卧式铣床相同，铣头可根据加工需要在垂直平面内调整角度，主轴可沿轴线方向进给或调整位置。

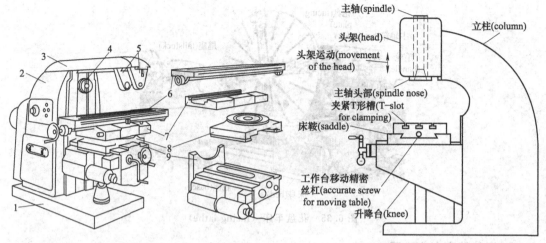

图 6.37　卧式升降台铣床（horizontal knee and column type milling machine）

1—基座（base）；2—立柱（vertical column）；3—悬梁（overarm）；
4—主轴（spindle）；5—支架（support frame）；
6—T 槽工作台（T slot table）；7—回转座（rotary base）；
8—床鞍（saddle）；9—升降台（knee）

图 6.38　立式升降台铣床（vertical knee and column type milling machine）

（3）回转工作台铣床

如图 6.39 所示，主轴箱的两根主轴上可分别安装粗铣和半精铣用的端铣刀；回转工作台上可装夹多个工件，加工时，圆工作台缓慢转动，完成进给运动，从铣刀下通过的工件便已铣削完毕，这种铣床装卸工件的辅助时间可与切削加工时间重合，因而生产效率高，适用于大批、大量生产中，通过设计专用夹具，可铣削中、小型零件。

（4）龙门铣床（图 6.40）

是一种大型高效能的铣床，主要用于加工各类大型、重型工件上的平面和沟槽，借助附件还可以完成斜面和内孔等的加工。

龙门铣床的主体结构为龙门式框架，其横梁上装有单个或两个铣削主轴箱（立铣头），可在横梁上水平移动，横梁可在立柱上升降，以适应不同高度工件的加工；两个立柱上又各装一个卧铣头，卧铣头也可在立柱上升降；每个铣头都是一个独立部件，内装主运动变速机构、主轴及操纵机构，各铣头的水平或垂直运动都可以是进给运动，也可以是调整铣头与工件间相对位置的快速调位运动；铣刀的旋转为主运动。龙门铣床的刚度高，可多刀同时加工多个工件或多个表面。

（5）双面铣床

图 6.41 所示的是双面床身式铣床，两个盘式端面铣刀头分别位于两侧，工件在工作台的带动下，垂直于刀头进给完成双面的铣削工作。双面铣削的好处在于铣刀头的轴向力可以互相抵消，保证轮面的平行度，双面同时加工效率增倍。

（6）仿形铣床

如图 6.42 所示，铣刀头与仿形头随动，做仿形进给运动。

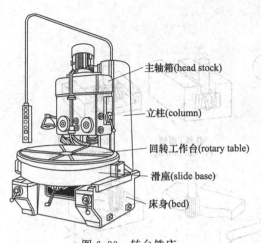

图 6.39 转台铣床
（milling machine with rotary table）

主轴箱（head stock）
立柱（column）
回转工作台（rotary table）
滑座（slide base）
床身（bed）

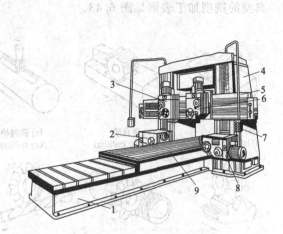

图 6.40 龙门铣床结构（H-frame milling machine）
1—床身（bed）；2,8—卧式铣头（horizental milling head）；
3,6—立式铣头（主轴箱）（vertical milling head（spindle carrier））；
4—立柱（column）；5—横梁（beam）；
7—操控箱（manual panel）；9—工作台（table）

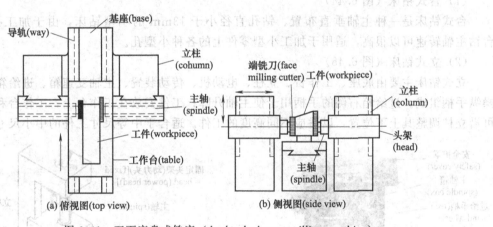

基座（base）
导轨（way）
立柱（cohumn）
主轴（spindle）
工件（workpiece）
工作台（table）
端铣刀（face milling cutter）
工件（workpiece）
立柱（column）
头架（head）
主轴（spindle）

(a) 俯视图（top view）　　(b) 侧视图（side view）

图 6.41 双面床身式铣床（duplex bed type milling machine）

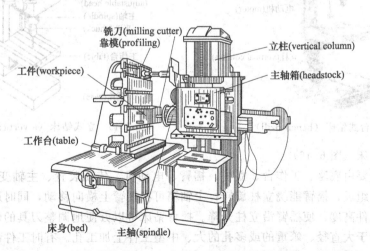

铣刀（milling cutter）
靠模（profiling）
立柱（vertical column）
主轴箱（headstock）
工件（workpiece）
工作台（table）
床身（bed）
主轴（spindle）

图 6.42 立式仿形铣床（layout of a vertical copying milling machine）

典型的铣削加工表面见图 6.43。

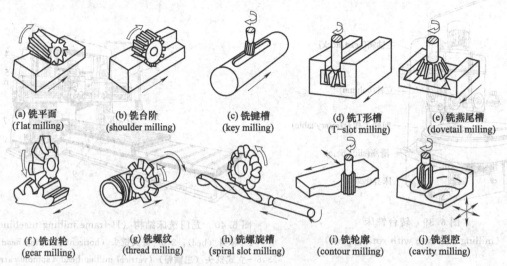

(a) 铣平面　　　　　(b) 铣台阶　　　　　(c) 铣键槽　　　　　(d) 铣T形槽　　　　　(e) 铣燕尾槽
(flat milling)　　(shoulder milling)　(key milling)　　(T-slot milling)　　(dovetail milling)

(f) 铣齿轮　　　　　(g) 铣螺纹　　　　　(h) 铣螺旋槽　　　　　(i) 铣轮廓　　　　　(j) 铣型腔
(gear milling)　　(thread milling)　(spiral slot milling)　(contour milling)　(cavity milling)

图 6.43　典型的铣削加工表面（typical milling surface）

3. 钻床

（1）台式钻床（图 6.44）

台式钻床是一种主轴垂直布置、钻孔直径小于 13mm 的小型钻床，由于加工孔径较小，台钻主轴转速可以很高，适用于加工小型零件上的各种小型孔。

（2）立式钻床（图 6.45）

立式钻床主要由底座、工作台、立柱、电动机、传动装置、主轴变速箱、进给箱、主轴和操纵手柄组成。进给箱右侧的手柄用于使主轴升降；工件安放在工作台上，工作台和进给箱都可沿立柱调整其上下位置，以适应不同高度的工件。适合于中等尺寸工件的中小尺寸钻孔。

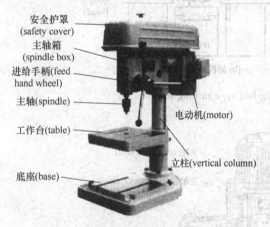

安全护罩
(safety cover)
主轴箱
(spindle box)
进给手柄(feed hand wheel)
主轴(spindle)
电动机(motor)
工作台(table)
立柱(vertical column)
底座(base)

图 6.44　台式钻床（bench drill）

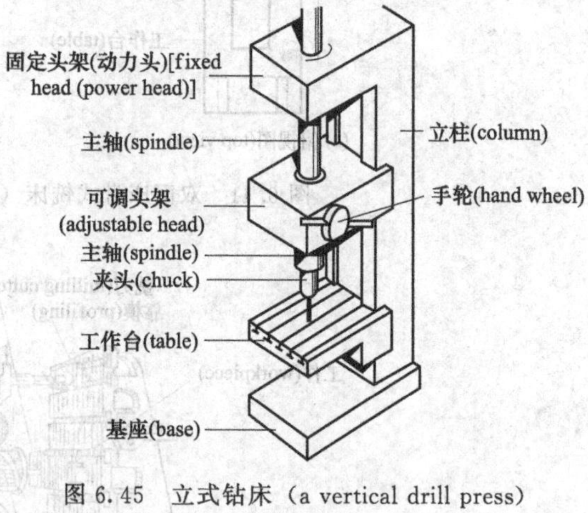

固定头架(动力头)[fixed head (power head)]
主轴(spindle)
立柱(column)
可调头架(adjustable head)
手轮(hand wheel)
主轴(spindle)
夹头(chuck)
工作台(table)
基座(base)

图 6.45　立式钻床（a vertical drill press）

（3）摇臂钻床（图 6.46）

摇臂钻床主要由底座、工作台、立柱、摇臂、电动机、传动装置、主轴变速箱、进给箱、主轴和操纵手柄组成，摇臂能绕立柱旋转，主轴箱可在摇臂上横向移动，同时还可松开摇臂锁紧装置，根据工件高度，使摇臂沿立柱升降。摇臂钻床可以方便地调整刀具的位置以对准被加工孔中心，适用于大直径、笨重的或多孔的大、中型工件上加工孔。有时工件都不需要摆放在工作台上，放在地上也可，但是要找正位置。

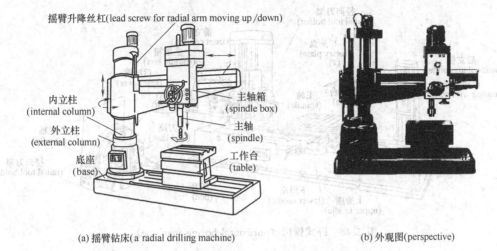

摇臂升降丝杠(lead screw for radial arm moving up/down)

内立柱
(internal column)

外立柱
(external column)

底座
(base)

主轴箱
(spindle box)

主轴
(spindle)

工作台
(table)

(a) 摇臂钻床(a radial drilling machine)　　　　(b) 外观图(perspective)

图 6.46　摇臂钻床结构（construct of a radial machine）

常见的钻削加工见图 6.47。

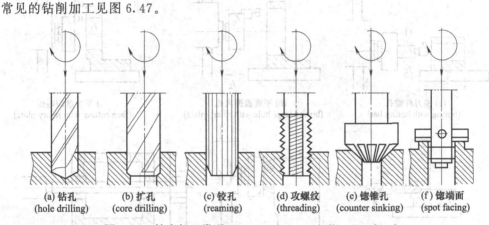

(a) 钻孔
(hole drilling)

(b) 扩孔
(core drilling)

(c) 铰孔
(reaming)

(d) 攻螺纹
(threading)

(e) 锪锥孔
(counter sinking)

(f) 锪端面
(spot facing)

图 6.47　钻床加工类型（operations on a drilling machine）

4. 镗床

镗床用于加工尺寸较大、精度要求较高的孔、内成形表面或孔内环槽，特别是分布在不同位置、轴线间距离精度和相互位置精度要求很严格的孔系。通常，镗刀旋转为主运动，镗刀或工件的移动为进给运动。

（1）卧式镗床（图 6.48）

卧式镗铣床主轴水平布置并可轴向进给，主轴箱可沿前立柱导轨垂直移动，主轴箱前端有平旋盘，平旋盘上可装径向刀架，用于大孔镗削或其他加工，径向刀架可在平旋盘导轨上做径向进给；工件装在工作台上，工作台可旋转并可实现纵向或横向进给；镗刀装在主轴或镗杆上，较长镗杆的尾部可由能在后立柱上做上下调整的后支承来支持，成为简支状态，以增大刀杆的刚度。卧式镗床主要加工方法见图 6.49。

（2）坐标镗床（图 6.50）

坐标镗床用于孔本身精度及位置精度要求都很高的孔系加工，也能钻孔、扩孔、铰孔、锪端面、切槽等。坐标镗床主要零部件的制造和装配精度都很高，具有良好的刚度和抗振性，并配备有坐标位置的精密测量装置，除进行孔系的精密加工外，还能进行精密刻度、样板的精密划线、孔间距及直线尺寸的精密测量等。

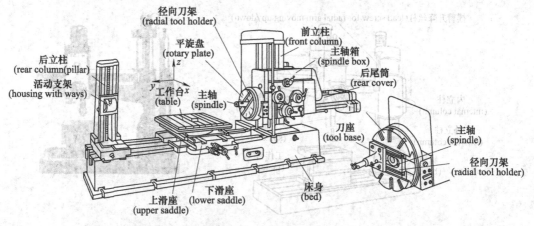

图 6.48 卧式镗床 (horizontal boring machine)

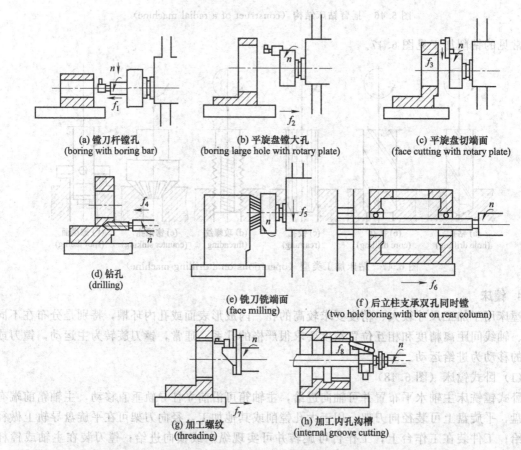

(a) 镗刀杆镗孔
(boring with boring bar)

(b) 平旋盘镗大孔
(boring large hole with rotary plate)

(c) 平旋盘切端面
(face cutting with rotary plate)

(d) 钻孔
(drilling)

(e) 铣刀铣端面
(face milling)

(f) 后立柱支承双孔同时镗
(two hole boring with bar on rear column)

(g) 加工螺纹
(threading)

(h) 加工内孔沟槽
(internal groove cutting)

图 6.49 卧式镗床主要加工方法 (main operations for horizontal boring machine)

5. 刨床等直线运动机床

(1) 刨床

主要分为两大类：牛头刨床和龙门刨床。

① 牛头刨床刨削分水平刨削和垂直刨削 (图 6.51)，图 6.52 是牛头刨床结构图。

因其滑枕和刀架形似牛头而得名。牛头刨床工作时，装有刀架的滑枕由床身内部的摆杆带动，沿床身顶部的导轨做直线往复运动，使刀具实现切削过程的主运动，滑枕的运动速度和行

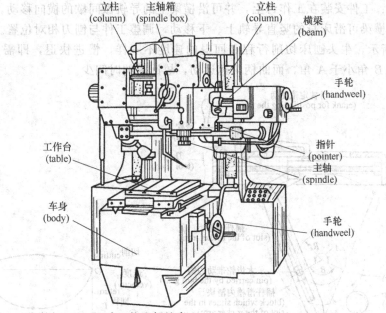

图 6.50 立式双柱坐标镗床（vertical double column jig borer）

图中标注：
- 立柱（column）
- 主轴箱（spindle box）
- 立柱（column）
- 横梁（beam）
- 手轮（handweel）
- 指针（pointer）
- 主轴（spindle）
- 手轮（handweel）
- 工作台（table）
- 车身（body）

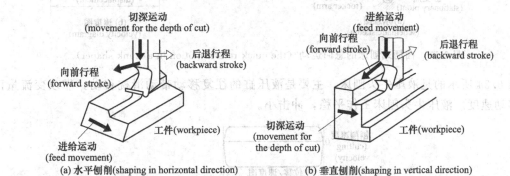

(a) 水平刨削(shaping in horizontal direction)　(b) 垂直刨削(shaping in vertical direction)

图中标注：
- 切深运动 (movement for the depth of cut)
- 后退行程 (backward stroke)
- 向前行程 (forward stroke)
- 进给运动 (feed movement)
- 工件(workpiece)
- 进给运动 (feed movement)
- 向前行程 (forward stroke)
- 后退行程 (backward stroke)
- 切深运动 (movement for the depth of cut)
- 工件(workpiece)

图 6.51 牛头刨床的工作原理及操作（working principle and operation of a shaper）

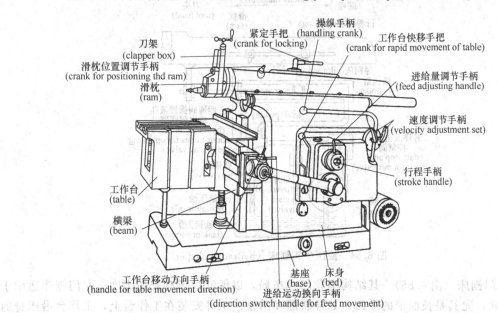

图中标注：
- 操纵手柄 (handling crank)
- 紧定手把 (crank for locking)
- 工作台快移手把 (crank for rapid movement of table)
- 刀架 (clapper box)
- 滑枕位置调节手柄 (crank for positioning thd ram)
- 滑枕 (ram)
- 进给量调节手柄 (feed adjusting handle)
- 速度调节手柄 (velocity adjustment set)
- 行程手柄 (stroke handle)
- 工作台 (table)
- 横梁 (beam)
- 工作台移动方向手柄 (handle for table movement direction)
- 基座 (base)
- 床身 (bed)
- 进给运动换向手柄 (direction switch handle for feed movement)

图 6.52 牛头刨床结构（structure of a shaper）

程长度均可调节；工件安装在工作台上，并可沿横梁上的导轨做间歇的横向移动，实现切削过程的进给运动；横梁可沿床身的竖直导轨上、下移动，调整工件与刨刀相对位置。

如图 6.53 所示，牛头刨床切削行程和回退的速度不一样，慢进快退，即需要急回运动。图中曲柄回转的 B 角小于 A 角，而曲柄匀速运动，故回退的时间少。

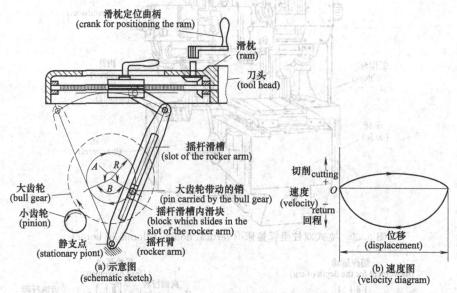

图 6.53 曲柄式刨床的急回运动（the quick return motion in a crank shaper）

图 6.54 所示的是液压牛头刨床，主要是液压缸的往复移动带动滑枕移动，靠改变流量而调节移动速度。液压牛头刨床工作平稳，冲击小。

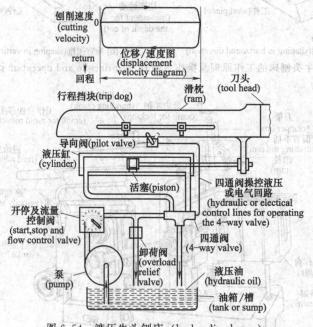

图 6.54 液压牛头刨床（hydraulic shaper）

② 龙门刨床（图 6.55） 其结构呈龙门式布局，以保证机床有较高刚度。龙门刨床适用于加工大平面，尤其是长而窄的平面，如导轨面和沟槽。工件安装在工作台上，工作台沿床身的导轨做纵向往复主切削运动；装在横梁上的两个立刀架可沿横梁导轨做横向运动，立柱上的两

个侧刀架可沿立柱做升降运动，这两个运动可以是间歇进给运动，也可以是快速调位运动；两个立刀架可做斜向进给运动；横梁可沿立柱的垂直导轨做调整运动，以适应加工不同高度的工件。

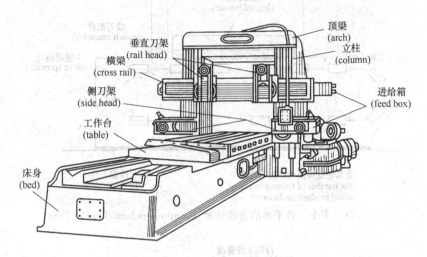

图 6.55　龙门刨床（double housing planer）

（2）插床（图 6.56）

插床实质上是立式刨床，滑枕带动刀具沿立柱导轨做直线往复主运动；工件安装在工作台上，工作台可做纵、横和圆周方向间歇进给；工作台的旋转可进行圆周分度，来加工角度分布的键槽；滑枕还可以在垂直平面内相对立柱倾斜 0°～8°，用于加工斜槽和斜面。插床效率低下，适应于单件、小批量生产。

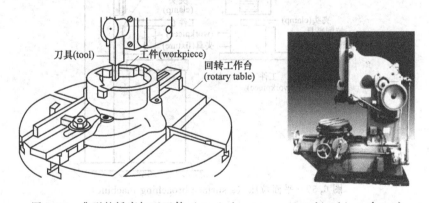

图 6.56　典型的插床加工工件（atypical component machined in a slotter）

（3）拉床（图 6.57）

用拉刀加工各种内、外成形表面的机床。按加工表面种类可分为内拉床和外拉床，按机床布局又可分为立式和卧式。卧式内拉床最为常用。拉削时，拉刀使被加工表面一次拉削成形，拉床只有主运动，无进给运动，进给量是由拉刀的齿升量来实现的。

拉床一般采用液压缸往复动力使得拉削过程平稳。图 6.58 所示为多个工件平面的连续拉削。图 6.59 所示的是平面拉床。

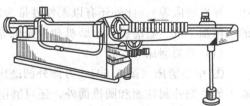

图 6.57　卧式拉床（a horizontal broaching machine）

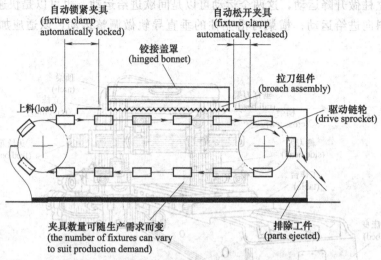

图 6.58　多个工件平面的连续拉削（continuous broaching of flats）

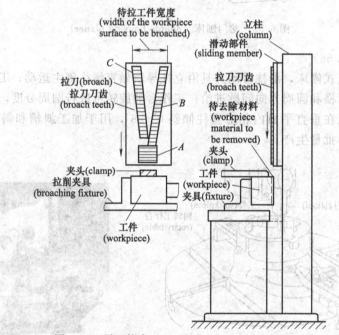

图 6.59　平面拉床（a surface broaching machine）

6. 磨床

磨床主要用于零件的精加工。磨床的种类很多，主要有外圆磨床、内圆磨床、平面磨床、工具磨床和专门用来磨削特定表面和工件的专用磨床（如花键轴磨床、凸轮轴磨床、曲轴磨床、导轨磨床等）。此外还有以柔性砂带为磨削工具的砂带磨床和以油石及研磨剂为切削工具的超精加工机、研磨机、珩磨机和抛光机等。

（1）外圆磨床

① 中心磨床（图 6.60）　万能外圆磨床是应用最普遍的一种外圆磨床，其工艺范围较宽，除了能磨削外圆柱面和圆锥面外，还可磨削内孔和台阶面等，是最具典型性的外圆磨床。中心磨床由床身、砂轮架、内磨装置、头架、尾座、工作台、横向进给机构、液压传动装置和冷却装置等组成。

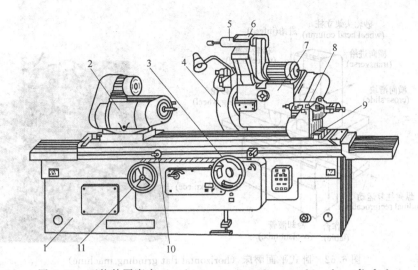

图 6.60　万能外圆磨床（multi-purpose grinding machine for cylinder）
1—床身（bed）；2—头架（headstock）；3,11—手轮（hand wheel）；4—砂轮（abrasive（grinding）wheel）；
5—内圆磨具（inner surface abrasive）；6—支架（support frame）；7—砂轮架（wheel supporting frame）；
8—尾架（tailstock）；9—工作台（table）；10—行程挡块（stroke choke）

② 无心磨床（图6.61）　通常是指无心外圆磨床，它适用于大批量磨削细长轴以及不带孔的轴、套、销等零件。无心外圆磨削时，工件是直接放在砂轮和导轮之间，由托板和导轮支承，工件被磨削的表面本身就是定位基准面。

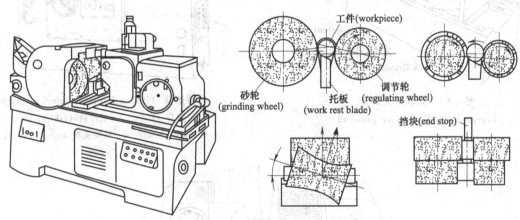

图 6.61　无心磨削（centreless grinding operations）

（2）平面磨床

根据砂轮工作面和工作台形状，平面磨床有四种类型：卧轴往复工作台平面磨床、卧轴回转工作台平面磨床、立轴往复工作台平面磨床和立轴回转工作台平面磨床，其中卧轴往复工作台平面磨床（图6.62）和立轴回转工作台平面磨床（图6.63）最常见。

（3）内圆磨床

内圆磨床的主要类型有普通内圆磨床（图6.64）、无心内圆磨床和行星内圆磨床。内圆磨床可以磨削圆柱形或圆锥形的通孔、盲孔和阶梯孔。内圆磨削大多采用纵磨法，也可用切入法。

磨削内圆还可采用无心磨削。无心内圆磨削时，工件由导轮带动旋转，实现圆周进给运动。砂轮除了完成主运动外，还做纵向进给运动和周期横向进给运动。

7. 齿轮加工机床

（1）滚齿机（图6.65）

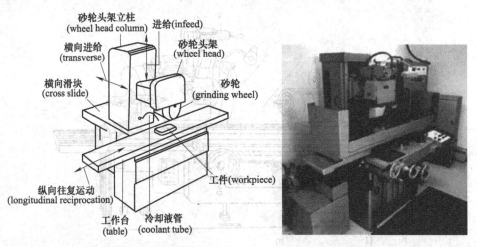

图 6.62 卧式平面磨床 (horizontal flat grinding machine)

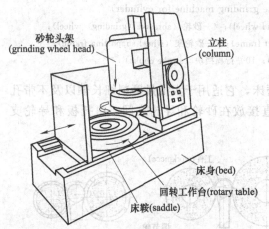

图 6.63 立轴平面磨床
(vertical spindle surface grinder)

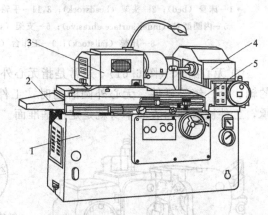

图 6.64 内圆磨床 (internal surface grinding machine)
1—床身 (bed)；2—工作台 (table)；
3—头架 (work head)；4—砂轮头架 (wheel head)；
5—床鞍 (saddle)

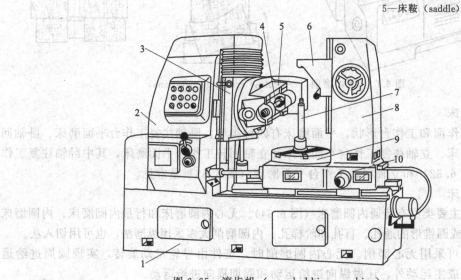

图 6.65 滚齿机 (gear hobbing machine)

1—床身 (bed)；2—立柱 (column)；3—刀架溜板 (tool post slide)；4—刀杆 (tool arbor)；5—刀架 (tool post)；
6—支架 (support)；7—心轴 (mandrel)；8—后立柱 (rear column)；9—工作台 (table)；10—床鞍 (saddle)

　　滚齿机主要用于滚切外啮合直齿和斜齿圆柱齿轮及蜗轮，多数为立式；也有卧式的，用于加工齿轮轴、花键轴和仪表工类中的小模数齿轮。

　　随着数控技术的进步，开发了数控滚齿机，如图 6.66 所示，使得机床结构变得简化，而且结构范围得到扩大（图 6.67），加工精度更高。

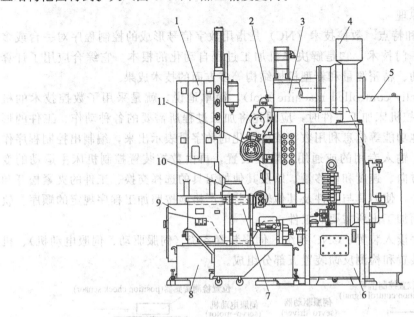

图 6.66　数控高速滚齿机外形（NC high speed gear cutting machine）

1—后立柱（rear column）；2—滑板（slide）；3—主立柱（main column）；4—抽油烟机（oil frog absorber）；

5—电气柜（electrical apparatus box）；6—床身（bed）；7—排屑器（chip excavator）；8—冷却箱（cooling box）；

9—液压油箱（hydraulic oil tank）；10—工作台（table）；11—刀架（cutter head）

（2）插齿机（图 6.68）

　　插齿机可以用来加工外啮合和内啮合的直齿圆柱齿轮，如果采用专用的螺旋导轨和斜齿轮插齿刀，还可以加工外啮合的斜齿圆柱齿轮，特别适合于加工多联齿轮。插齿加工时，机床必须具备主运动、展成运动、径向进给、圆周进给和让刀运动。

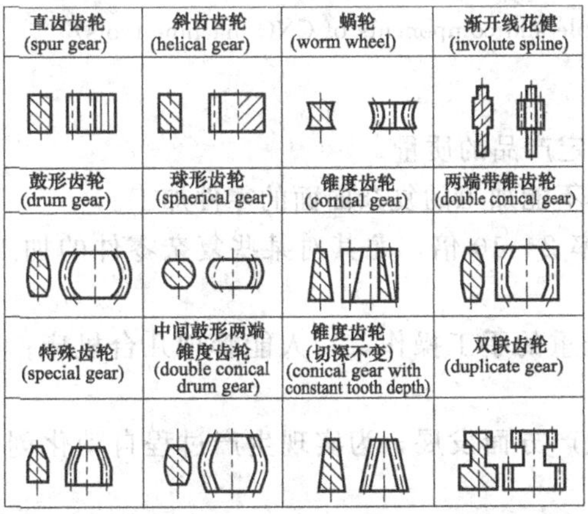

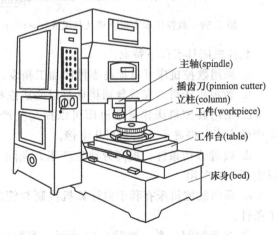

直齿齿轮 (spur gear)	斜齿齿轮 (helical gear)	蜗轮 (worm wheel)	渐开线花键 (involute spline)
鼓形齿轮 (drum gear)	球形齿轮 (spherical gear)	锥度齿轮 (conical gear)	两端带锥齿轮 (double conical gear)
特殊齿轮 (special gear)	中间鼓形两端 锥度齿轮 (double conical drum gear)	锥度齿轮 (切深不变) (conical gear with constant tooth depth)	双联齿轮 (duplicate gear)

主轴(spindle)

插齿刀(pinnion cutter)

立柱(column)

工件(workpiece)

工作台(table)

床身(bed)

图 6.67　数控高速滚齿机上可加工的齿轮零件

（typical gears that can be cut on NC

high speed gear cutting machine）

图 6.68　插齿机（a gear shaper）

第四节 现代机床

1. 数控机床

(1) 数控机床工作原理

① 工作原理、组成和特点 数控技术（NC）是指用数字信号形成的控制程序对一台或多台机械设备进行控制的一门技术，它是解决单机加工过程自动化的根本。它综合应用了计算机、自动控制、伺服驱动、精密测量和新型机械结构等多方面的技术成果。

数控机床（numerically controlled machine tool），简单地说，就是采用了数控技术的机床。如图 6.69 所示，数控机床加工工件时，应预先将加工过程所需要的各种动作、工件的形状、尺寸以及机床的其他功能等信息利用数字或代码化的数字量表示出来，编制出控制程序作为数控机床的工作指令，输入专用的或通用的数控装置，再由数控装置控制机床主运动的变速、启停，进给运动的方向、速度和位移量，以及其他如刀具的选择交换、工件的夹紧松开和冷却润滑的开、关等动作，使刀具与工件及其他辅助装置严格地按照加工程序规定的顺序、轨迹和参数进行工作，从而加工出所需要的工件。

数控机床主要由程序读入装置、CNC 系统、伺服装置系统（伺服驱动、伺服电动机）、机床工作台、刀具等执行装置和检测反馈装置五部分组成。

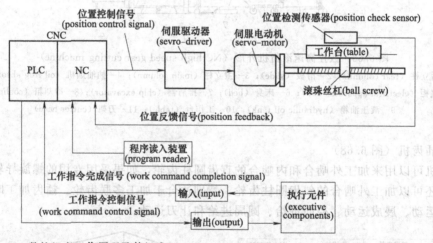

图 6.69 数控机床工作原理及其组成 （work principle and components of CNC machine tools）

数控机床具有以下特点。

a. 采用数控机床可以提高零件的加工精度、稳定产品的质量。

b. 数控机床可以完成普通机床难以完成或根本不能加工的复杂曲面的零件加工。

c. 采用数控机床比普通机床可以提高生产效率 2～10 倍，尤其对某些复杂零件的加工，生产效率可以提高十几倍甚至几十倍。

d. 改善劳动条件，提高劳动生产率，免除了繁重的手工操作，一人能管理几台机床；可以实现一机多用。

e. 采用数控机床有利于向计算机控制与管理生产方面发展，为实现生产过程自动化创造了条件。

② 运动控制分类 如图 6.70 所示，数控机床按其刀具与工件相对运动的方式，可以分为点位控制和轨迹控制。

图 6.70 (a) 所示的点到点控制也叫点位控制，控制行程的终点坐标值，而不管从一个孔

到另一个孔是按照什么轨迹运动，在刀具运动过程中，不进行切削加工。采用点到点控制的有数控钻床、数控镗床、数控冲床、三坐标测量机、印制电路板的焊机和钻床等。

图 6.70 (b) 所示为运动轨迹控制，包括直线轨迹控制和轮廓曲线轨迹控制两类。

直线轨迹控制不仅要控制行程的终点坐标值，还要保证在两点之间机床的刀具走的是一条直线，而且在走直线的过程中往往要进行切削。采用直线轨迹控制的有数控车床、数控铣床、数控磨床、数控镗床等。现代组合机床采用数控技术，驱动各种动力头、多轴箱轴向进给钻、镗、铣等加工，也算是一种直线控制数控机床。直线控制也称为单轴数控。

轮廓曲线轨迹控制既要控制行程的终点坐标值，还要保证两点之间的轨迹要按一定的曲线轨迹进行，即这种系统必须能够对两个或两个以上的坐标方向的同时运动进行严格的连续控制。在加工过程中，每时每刻都对各坐标的位移和速度进行严格的、不间断的控制。采用轮廓曲线轨迹控制的有数控车床、数控铣床、加工中心等。

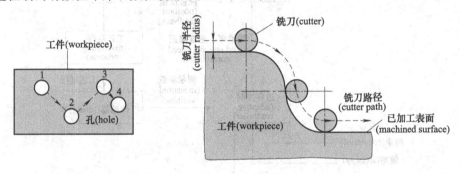

(a) 点到点 (point‐to‐point)　(b) 铣刀连续运动轨迹(路径) (continuous path by a milling cutter)

图 6.70　数控加工刀具的运动 (movement of tools in NC machining)

③ 数控系统　数控系统主要分为三类：开环伺服控制系统、闭环伺服控制系统和自适应控制系统。

a. 开环伺服控制系统 ［图 6.71 (a)］。这类数控机床没有位置检测反馈装置，数控装置发出的指令信号是单向的，其精度主要决定于驱动元器件和电动机（步进电动机）的性能。例如采用步进电动机的伺服系统就是一个开环伺服系统。其特点是：结构简单、较为经济、维护维修方便，速度及精度低。适用精度要求不高的中小型机床，多用于对旧机床的数控化改造。

b. 闭环伺服控制系统 ［图 6.71 (b)］。机床上装有位置检测装置，直接对工作台的实际位移量进行测量。数控装置发出进给信号后，经伺服驱动使工作台移动，位置检测装置检测出工作台的实际位移，并反馈到输入端，与指令信号进行比较，驱使工作台向其差值减小的方向

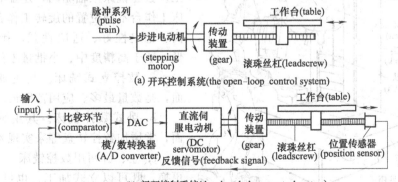

(a) 开环控制系统(the open‐loop control system)

(b) 闭环控制系统(the closed‐loop control system)

图 6.71　数控机床的控制系统 (the control systems for a NC machine)

运动，直到差值等于零为止。

闭环控制的特点是定位精度高，但其系统设计和调整困难、稳定性差、结构复杂、成本高。适用于精度要求很高的数控镗铣床、超精密车床、超精密铣床、加工中心等。

c. 自适应控制。编制数控程序时，实际制造过程中随机发生的情况不能考虑到，导致制造过程有时不在最佳状态。如图 6.72 所示，在加工过程中，除了数控机床的闭环控制系统外，还根据实际参数的变化值，自动改变机床切削进给量等参数，使数控机床能适应任一瞬时的变化，始终保持在最佳加工状态，这种控制方法叫自适应控制方法，可见其控制的内容更加丰富和完善，能达到支架的加工效果，也是数控机床未来发展的方向之一。

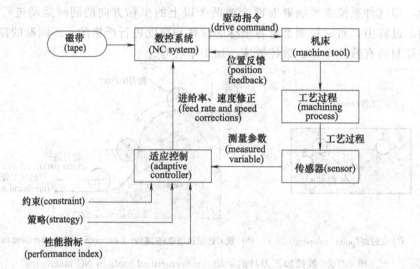

图 6.72　典型机床自适应控制构成（typical adaptive control configuration for a machine tool）

（2）各类数控机床简介

① 数控钻床　如图 6.73 所示，数控钻床工作台采用点位控制两个坐标（X、Y），采用多工位圆锥台转塔刀库，装有 8 把不同的刀具，主轴与刀库合为一体，每根主轴对应一把旋转刀具。可以根据加工要求依次将装有所需刀具的主轴转位到达加工位置，实现自动换刀。具有结构简单可靠、换刀速度快、位置精准等特点。一次装夹工件可以实现钻削、扩孔、铰削、倒角、锪削等工作。

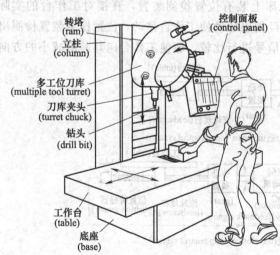

图 6.73　数控钻床（CNC drilling press）

② 数控铣床　数控铣床一般能对板类、盘类、壳具类、模具类等复杂零件进行加工。数控铣床三轴驱动，还配有可安装在机床工作台不同位置的旋转工作台。加工精度高、稳定性好、适应性强、操作劳动强度低，适于高精度中、小批量零件加工。

a. 数控立式铣床。其主轴垂直于水平面，是数量最多、应用范围最广的一种。

b. 卧式数控铣床。其主轴平行于水平面，常增加数控转盘等来实现 4、5 轴加工。

c. 立、卧两用数控铣床。主轴方向可以更换，既可以立式加工，也可以卧式加工。其使用范围更广，功能更齐全。主轴方向呈各种不同角度的更换，有手动和自动两种。

数控铣床的典型结构如图6.74所示。数控铣床具有四轴控制（X、Y、Z、B），主要由工作台、主轴箱、立柱、电气柜、CNC系统等组成。可实现钻削、铣削、扩孔、铰孔和镗孔等多工序自动循环。可进行坐标镗孔，又可精确高效完成复杂曲线的自动加工。数控铣床主轴转速较高，所用刀具应具有较高的耐用度和刚度，刀具材料抗脆性好，有良好的断屑性能和可调、易更换等特点。

图6.75所示的是开放式五轴联动数控铣床，工作台外露，便于装夹，并适于加工大型工件。分别控制三个直线坐标：工作台纵向移动X、刀台的前后移动Z和上下移动Y，两个转动坐标分别是：刀台绕X轴的转动和刀台绕Z轴的转动。

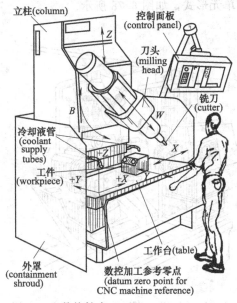

图6.74 数控铣床（CNC milling machine）

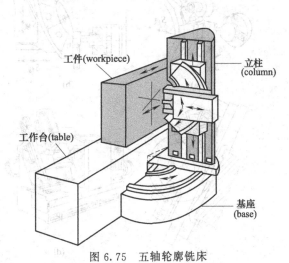

图6.75 五轴轮廓铣床
（a five-axis profile milling machine）

③ 数控车床 数控车床能对轴类、盘类和套类零件自动完成各种切削加工。加工精度高、稳定性好、适应性强、操作劳动强度低，适于高精度中、小批量零件加工。

a. 数控车床的分类如下。

• 按车床主轴位置分类：立式数控车床；卧式车床，又分为水平导轨卧式数控车床和倾斜式导轨卧式数控车床。

• 按加工零件的基本类型分类：卡盘式数控车床；顶尖式数控车床。

• 按刀架数量分类：单刀架数控车床；双刀架数控车床。

• 其他分类方法：按数控系统的控制方式分为直线控制数控车床、轮廓控制数控车床等；按特殊的或专门的工艺性能分为螺纹数控车床、活塞数控车床、曲轴数控车床等。

b. 数控机床的使用范围。用于加工圆柱形、圆锥形和特种成形回转表面，可车削各种螺纹以及对盘形零件进行钻、扩、铰和镗孔加工。

c. 数控机床的布局（图6.76）。机床为两坐标联动半闭环控制。在床体的导轨60°倾斜布置，

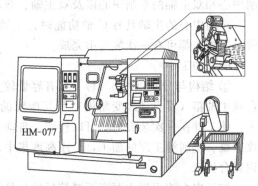

图6.76 卧式数控车床布局
（layout of NC lathe）

导轨截面为矩形。床体左端是主轴箱。主轴由直流或交流调速电动机驱动，可以无级调速和进行恒线速切削。为了快速装夹工件，主轴尾端带有夹紧液压缸。床鞍溜板导轨与床身导轨横向平行，上面装有横向进给驱动装置和转塔刀架。刀架有 8 位和 12 位大、小刀盘三种。纵、横向进给系统采用直流伺服电动机带动滚珠丝杠及其他液压和控制装置。

数控车床的自动换刀装置主要采用回转刀盘，根据加工对象的不同，可设计成四方刀架、六方刀架、圆盘式轴向装刀或圆锥台等多种形式，相应地安装四把、六把或更多的刀具，并按数控装置的指令回转、换刀。一般情况下，回转刀盘的换刀动作包括刀盘抬起、刀盘转位及刀盘压紧等。图 6.77 所示的是数控车床上的自动换刀装置。

中小型数控车床广泛采用模块化的变速箱和主轴单元形式，如图 6.78 所示。

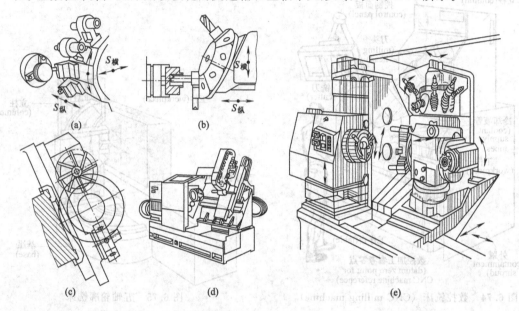

图 6.77　数控车床上的自动换刀装置（automatic tool change devices on NC lathe）

④ 车削中心　与数控卧式车床的区别：车削中心的转塔刀架上带有能使刀具旋转的动力刀座，主轴具有按轮廓成形要求连续回转（不等速回转）运动和进行连续精确分度的 C 轴功能，并能与 X 轴或 Z 轴联动，数控卧式车床则无这些特点。控制轴除 X、Z、C 轴之外，还有 Y 轴。X、Y、Z 轴交叉构成三维空间，使各方位的孔和面均能加工。

为了实现在一台机床上对车削工件的"全部加工"，可采用带辅助主轴（第 2 主轴）的车削中心和双主轴的车削中心以及双主轴、双辅助主轴的车削中心，如图 6.79、图 6.80 所示。

车削中心的主轴具有 C 轴功能时，主轴分度、定向，配合转塔刀架的动力刀座，则几乎所有的加工都可在一次装夹中完成。

（3）加工中心

① 结构与分类（图 6.81）　拥有容量较大的刀库和自动换刀装置并带有自动分度回转工作台或主轴箱（可自动改变角度）及其他辅助功能的数控机床称为加工中心。加工中心功能强大，使工件在一次装夹后，可以连续、自动完成多个平面或多个角度位置的钻、扩、铰、镗、攻螺纹、铣削等工序的加工，工序高度集中，可以说它是一种高度自动化的数控钻、铣、镗、镗复合机床。

加工中心的刀库中存有不同数量的各种刀具，在加工过程中由程序自动选用和更换，这是它与数控铣床和数控镗床的主要区别。按照不同的标准，加工中心分类如下。

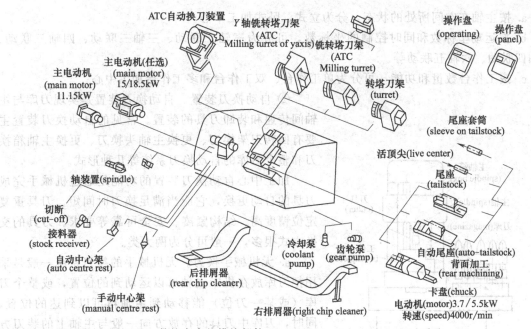

图 6.78 数控车床的模块部件 (modular components in NC lathe)

图 6.79 车削中心 (turning center)

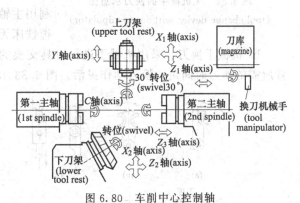

图 6.80 车削中心控制轴
(control axises sheme in turning center)

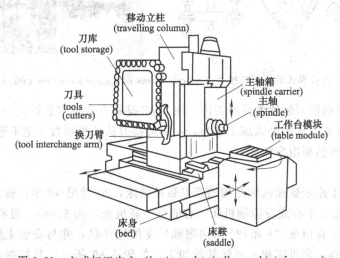

图 6.81 立式加工中心 (horizontal spindle machininf center)

a. 按主轴在空间所处的状态，分为立式、卧式加工中心。

b. 按运动坐标数和同时控制的坐标数，可分为三轴二联动、三轴三联动、四轴三联动、五轴四联动、六轴五联动等。

c. 按工作台数量和功能，可分为单工作台、双工作台和多工作台加工中心。

② 自动换刀装置　自动换刀装置是实现刀库与主轴间传递和装卸刀具的装置。常见的自动换刀装置主要有回转刀架换刀、更换主轴头换刀、更换主轴箱换刀和整个刀库的自动换刀系统等几种形式。

加工中心自动换刀装置的功能是通过机械手完成刀具的自动更换，它应当满足换刀时间短、刀具重复定位精度高、结构紧凑、安全可靠等要求。刀具的交换方式很多，一般可分为两大类。

a. 无机械手换刀。无机械手的换刀系统一般是采用把刀库放在机床主轴可以运动到的位置，或整个刀库（或某一刀位）能移动到主轴箱可以到达的位置，同时，刀库中刀具的存放方向一般与主轴上的装刀方向一致。换刀时，由主轴运动到刀库上的换刀位置，利用主轴直接取走或放回刀具。图 6.82 为某立式数控镗铣床无机械手换刀示意图。

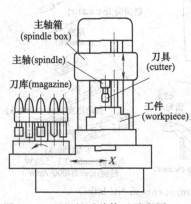

图 6.82　无机械手的换刀示意图
（tool change device without manipulator）

b. 机械手换刀。采用机械手进行刀具交换的方式应用最为广泛，这是因为机械手换刀装置所需的换刀时间短，换刀动作灵活。图 6.83 示出了各种形式的换刀机械手。

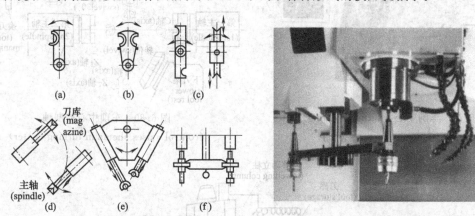

图 6.83　各种形式的换刀机械手（various forms of manipulators for tool changing）

图 6.84 是带自动换刀装置的回转刀库，图 6.85 是带自动换刀的链式刀库。

图 6.86 是有可换刀库的卧式加工中心，一次可换刀从几把到数十把不等。图 6.87 是带翻转装置的卧式多轴可换箱组合机床。

2. 并联机床

一种完全不同于原来数控机床结构的新型数控机床，20 世纪 90 年代被开发成功。这种被称为"6 条腿"的加工中心或虚拟轴机床（有的称并联机床，图 6.88），没有任何导轨和滑台，采用能够伸缩的六个自由度"6 条腿"（伺服轴）支撑杆并联，并与安装主轴头的上平台和安装工件的下平台相连。它可实现 6 坐标联动加工，如图 6.89 所示，其控制系统结构复杂，刀具灵活度很大，加工精度、加工效率较普通加工中心高 2～10 倍。这种数控机床的出现将给数

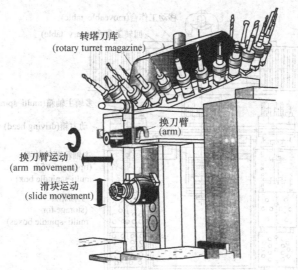

图 6.84　带自动换刀装置的回转刀库（rotary-type magazine with automatic tool changer）

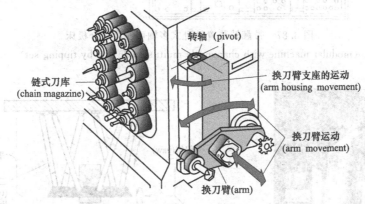

图 6.85　带自动换刀的链式刀库（chain-type magazine with automatic tool changer）

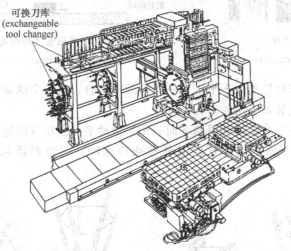

图 6.86　有可换刀库的卧式加工中心（horizontal machining centre with exchangeable tool changer）

控机床技术带来重大变革和创新。

（1）工作原理

如图 6.89 所示，整个装置由上、下两个平台和六条支撑杆组成，上平台为六角形固定平

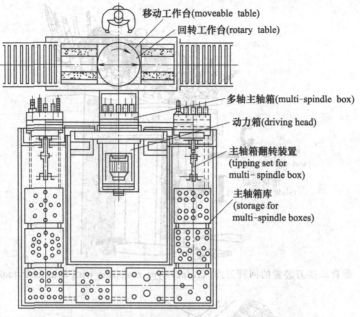

图 6.87　带翻转装置的卧式多轴可换箱组合机床
（modular machine with changeable multi-spindle box by tipping set）

图 6.88　并联机床
（parallel kinematic machine）

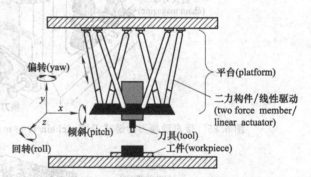

图 6.89　英格索兰伸缩构件的六底座机构
（hexapod of telescopic struts, ingersoll system）

台，由六个节点与支撑杆连接，下平台为三角形活动平台，由三个球面分叉接头连接，下面的三角形活动平台用于安装加工用的刀具。

六个支撑杆长度发生改变就会驱动下面三角形活动平台做相应的运动，如图 6.90 所示。

图 6.90（a）中，当六个支撑杆同时外伸或内缩时，三角形活动平台将会垂直下移或上升。

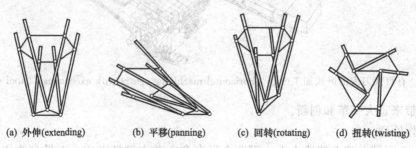

(a) 外伸(extending)　　(b) 平移(panning)　　(c) 回转(rotating)　　(d) 扭转(twisting)

图 6.90　六底座运动模型 （models of hexapod movements）

图 6.90（b）中，当一些支撑杆外伸，而其他支撑杆内缩时，三角形活动平台则发生水平平移。

图 6.90（c）中，当支撑杆方向和长度改变，三角形活动平台可以发生倾斜运动或翻转。

图 6.90（d）中，六个支撑杆长度相等并同时同向转动，则三角形活动平台发生扭转。

可见，三角形活动平台的运动完全受控于六个支撑杆的运动，六个支撑杆都赋予了独立的伺服控制，所以，三角形活动平台上刀具的进给运动变化多样，非常灵活，具有六个自由度，如图 6.91 所示。在支撑杆之间不干涉的前提下，刀具通过三角形活动平台可以到达工件的任何部位，成为万向万位刀具。

支撑杆的收缩运动常常采用伸缩杆（图 6.92）或滚珠丝杠（图 6.93）来完成。

（2）应用领域

① 机械加工　配备图 6.94 所示的刀具可完成图 6.95 所示的复杂加工以及图 6.96 所示的精密焊接。

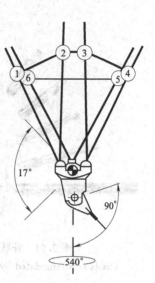

图 6.91　偏转角度
（swivel angles）

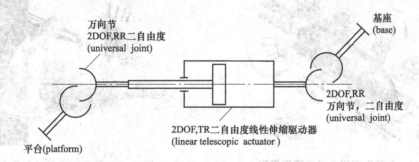

图 6.92　万向节伸缩杆件（telescopic struts with universal joint）

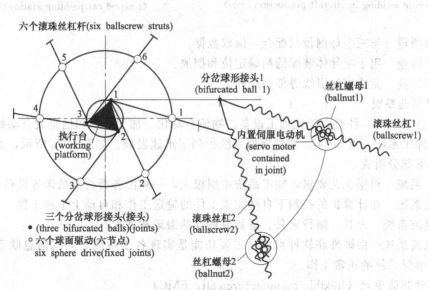

图 6.93　滚珠丝杆六支撑（ball srew hexpod）

② 汽车喷漆　如图 6.97 所示，保持精确的靶距从而确保喷漆的均匀性和外观质量。

③ 精密装配　代替机器人安装精细零部件。

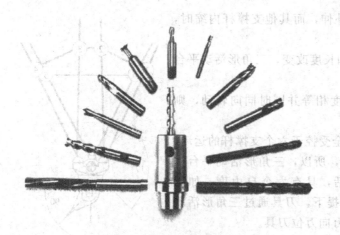

图 6.94 并联机床配备的刀具
(tools accommodated by the spindle of a hexapod)

图 6.95 并联机床的典型应用
(a typical hexpod machining application)

图 6.96 并联机床用于飞机精密焊接
(hexapod delicate welding in aircraft production lines)

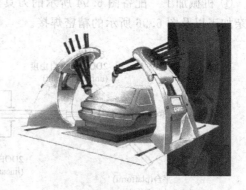

图 6.97 并联机床用于汽车喷漆
(hexpod car painting station)

④ 精密测量　与三坐标测量仪配合，读取数据。

⑤ 电子行业　用于半导体装配的精确定位和摆放。

⑥ 纺织行业　完成穿丝引线等细微工作。

3. 柔性制造系统

柔性制造系统是一种把自动化加工设备、物流自动化、加工处理和信息流自动处理融为一体的智能化加工系统。近 30 年，柔性制造系统得到了迅速发展。如图 6.98 所示，柔性制造系统由四个基本部分组成。

① 加工系统　根据工艺要求，加工系统差别很大，一般由各类数控机床等设备组成。

② 物流系统　在计算机的控制下自动完成工件的输送工作和自动上下料工作。

③ 工具流系统　刀具、随行夹具、量具或辅具的搬运和适配。

④ 信息流系统　由硬件和软件组成。主要功能是实现各子系统之间的信息联系，对系统进行管理，确保系统的正常工作。

（1）柔性制造单元（flexible manufacture cell，FMC）

FMC 是在制造单元的基础上发展起来独立自动加工的功能，部分还具有自动传送和监控管理的功能，可实现某些零件的多品种、小批量的加工。

FMC 可以作为柔性制造系统中的基本单元，若干个 FMC 可以发展组成柔性制造系统。

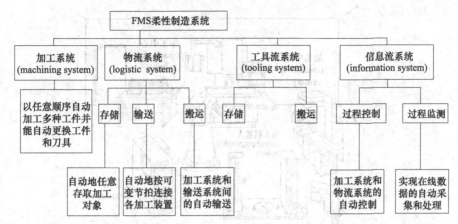

图 6.98 柔性制造系统的基本组成（basic components of flexible manufacture system（FMS））

FMC 的构成有在加工中心上配上托盘交换系统和在数控机床上配上工业机器人两大类。对于前者，FMC 主要以托盘交换系统为特征，一般具有 5 个以上的托盘，组成环形回转式托盘库。图 6.99 是具有托盘交换系统 FMC 的组成图，图 6.100 是柔性制造单元外观图。

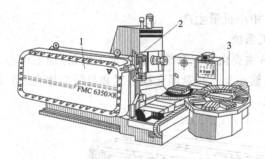

图 6.99 由托盘和单台加工中心构成的柔性加工单元（flexible manufacturing cell consisting of single machining center with pallets）
1—刀库（tool changer）；2—机械手（manipulator）；
3—托盘库（pallet storage）

图 6.100 柔性制造单元外观图（FMC perspective）

图 6.101 是数控机床上配上工业机器人构成的柔性制造单元（FMC），一般形式由 2 台加工中心配上机器人加上工件传输系统组成。

采用 FMC 比采用若干单台的数控机床或加工中心具有更显著的技术经济效益，好处主要体现在以下几个方面。

① 增加柔性，降低库存 FMC 比单台加工中心可以实现多品种配套加工。据有关资料统计，一般 FMC，每台一天可以进行 21.3 种工件的加工；而加工中心一天只能加工 2.09 种，库存剧减。

② 可实现 24h 连续运转，降低生产成本 FMC 由于可以 24h 连续运转，加工中心最多每天工作 18h。

③ 便于实现计算机集成制造系统 应用 FMC 可积累物料传输系统、自动化仓库和自动化检测方面的经验，便于向 FMS 或 CIMS 方向发展。

（2）柔性制造系统

柔性制造系统（flexible manufacturing system，FMS）是由数控加工设备、物料运储装置和计算机控制系统等组成的自动化制造系统。它包括多个柔性制造单元，能根据制造任务或

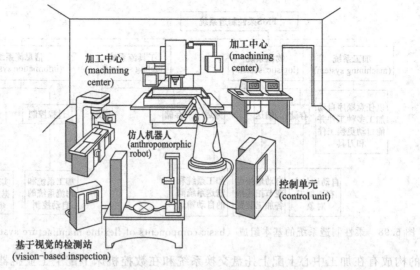

图 6.101　由两台机床、工件自动检测和伺服机器人组成的柔性制造单元例子
（example of FMC composed of two machines，automated part inspection and a serving robot）

生产环境的变化迅速进行调整，以适应多品种、中小批量生产。

FMS 是一种高效率、高精度、高柔性的加工系统。

典型的柔性制造系统如图 6.102 所示。FMS 主要由加工系统（数控加工设备/加工中心）、物料运储系统（工件、刀具运输和存储、自动运输小车、托盘即交换装置和自动立体仓库）以及计算机控制系统（中央计算机及其网络）组成。

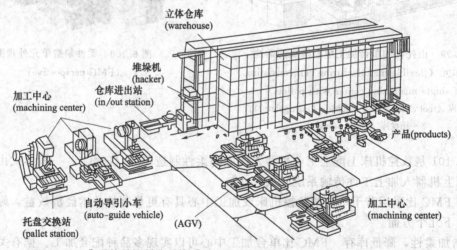

图 6.102　典型的柔性制造系统〔typical flexible manufacturing system（FMS）〕

① 加工系统　加工系统通常由若干台加工零件的 CNC 机床或 CNC 板材加工设备组成。待加工的工件类别将决定 FMS 所采用的设备形式。

② 物料运储系统　在 FMS 中，需要经常将工件装夹在托板（有的称随行夹具）上进行输送和搬运。通过物料输送系统可以实现工件在机床之间、加工单元之间、自动仓库与机床、加工单元之间以及托板存放站与机床之间的输送和搬运。有时还负责刀具和夹具的运输。

工件的存储包括物品在仓库中的保管和生产过程中在制品的临时性停放。这就要求在 FMS 的物料系统中设置适当的中央料库和托盘库以及各种形式的缓冲储区，以保证系统的柔性。在 FMS 中，中央料库和托盘库往往采用自动化立体仓库。

工件输送包括两部分：一是系统与外界的工件交换，如从外界获取零件毛坯、原材料、工具和配套件等以及将加工好的成品及换下的工具从系统中移出；二是零件、工具和配套件等在系统内部的搬运。

③ 计算机控制系统　计算机控制系统通过主控计算机或分布式计算机系统来实现系统的主要控制功能。计算机控制系统大多采用 3 级分布式体系结构。第一级为设备层，主要是对机床和工件装卸机器人的控制，包括对各种加工作业的控制和监测；第二级是工作站层，包括对整个系统运转的管理、零件流动的控制、零件程序的分配以及对第一级生产数据的收集；第三级为单元层，主要编制日程进度计划，把生产所需的信息如加工零件信息、刀夹具信息等送到第二级系统管理计算机。FMS 中的单元级控制系统，即单元控制器是 FMS 控制系统的核心。

FMS 还包括冷却系统、刀具监视和管理系统、切屑排除系统以及零件的自动清洗和自动测量设备等附属系统。图 6.103 是摩托车曲轴和箱体加工的柔性制造系统。

FMS 具有以下显著的优点和效益：

a. 减少直接生产工人，提高劳动生产率。

b. 有很强的柔性制造能力。

c. 充分提高机床的利用率。

图 6.103　曲轴和箱体加工的柔性制造系统
(FMS used in crank and engine block machining)

d. 提高产品质量。

e. 减少在制品数量和库存容量，提高对市场的反应能力。

f. 减少设备成本与占地面积。

g. FMS 可以逐步实施计划，加强了管理控制功能。

4. 集成制造系统

信息流在现代制造中的地位和作用越来越重要，如图 6.104 所示。

CIM 是一种组织、管理企业生产的新哲理，它借助计算机软/硬件，综合应用现代化管理技术、制造技术、信息技术、自动化技术、系统技术，将企业生产全部过程中有关人、技术、经营管理三要素及其信息流和物料流有机地集成并优化运行，以实现产品高质、低耗、上市快、服务好，从而使企业赢得市场竞争。

CIMS 的核心在于集成，包括企业各种经营活动的集成、企业各个生产系统与环节的集成、各种生产技术的集成、企业部门组织间的集成和各类人员之间的集成。从集成角度，可以将 CIMS 分为信息集成、过程集成和企业集成三个阶段。

从系统的功能角度考虑，一般认为 CIMS 可由管理信息系统、工程设计自动化系统、制造自动化系统和制造质量保证系统四个功能分系统，以及 CIMS 计算机通信网络系统和 CIMS 数据库系统两个支撑分系统。

(1) 管理信息系统

管理信息系统通常是以 MRPⅡ 为核心，从制造资源出发，考虑了企业进行经营决策的战略层、中短期生产计划编制的战术层以及车间作业计划与生产活动控制的操作层，它包括预测、经营决策、各级生产计划、生产技术准备、销售、供应、财务、成本、设备、工具、人力资源等各项管理信息功能。它是以经营生产计划、主生产计划、物料需求计划、能力需求计

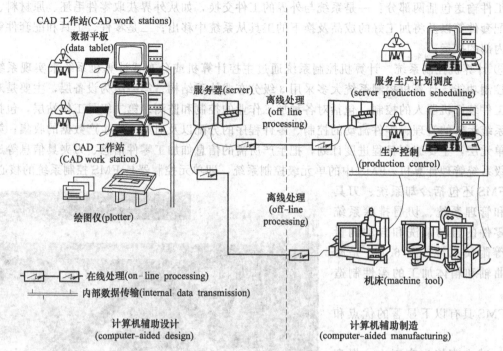

图 6.104　CAD/CAM 信息流程图（information flow chart in CAD/CAM application）

划、车间作业计划以及车间调度与控制为主体形成闭环的一体化生产经营与管理信息系统。

（2）工程设计自动化系统

工程设计自动化系统实质上是指在产品开发过程中引入计算机技术，使产品开发活动更高效、更优质、更自动地进行。产品开发活动包含产品的概念设计、工程与结构分析、详细设计、工艺设计以及数控编程等设计和制造准备阶段的一系列工作，即通常所说的 CAD、CAPP、CAM 三大部分。

（3）制造自动化系统

制造自动化系统是 CIMS 的信息流和物料流的结合点，是 CIMS 最终产生经济效益的聚集地，通常由数控机床、加工中心、清洗机、测量机、运输小车、立体仓库、多级分布式控制计算机等设备及相应软件组成。

（4）制造质量保证系统

制造质量保证系统主要是采集、存储、评价和处理存在于设计、制造过程中与质量有关的大量数据，从而在产品质量控制环的作用下有效促进产品质量的提高，来实现产品的高质量、低成本，提高企业的竞争力。

（5）CIMS 数据库系统

数据库管理系统是一个支撑系统，它是 CIMS 信息集成的关键之一。组成 CIMS 的各个功能分系统的信息都要在一个结构合理的数据库系统里进行存储和调用，以实现整个企业数据的集成与共享。CIMS 数据库系统通常采用集中与分布相结合的体系结构，以保证数据的安全性、一致性和易维护性。此外，CIMS 数据库系统往往还建立一个专用的工程数据库系统，用来处理大量工程数据。

（6）CIMS 计算机通信网络系统

CIMS 计算机通信网络技术是 CIMS 的又一主要支撑技术，是 CIMS 各个分系统重要的信息集成工具。采用国际标准和工业标准规定的网络协议，可以实现异种机互联、异构局部网络及多种网络的互联。通过计算机通信网络能将物理上分布的 CIMS 各个功能分系统的信息联系起来，以达到共享的目的。

CIMS 是一个复杂的大系统，通常采用递阶控制体系结构。递阶控制是将一个复杂的控制系统按照其功能分解成若干层次，各层次进行独立控制处理，完成各自的功能。层与层之间保持信息交换，上层对下层发出命令，下层向上层回送命令执行结果，通过信息联系构成完整的系统。

图 6.105 是计算机集成制造系统。

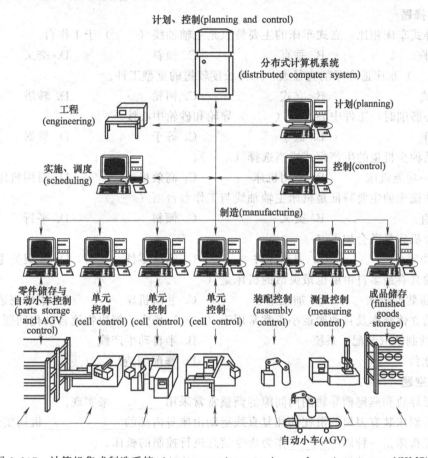

图 6.105 计算机集成制造系统（a computer integrated manufacturing system（CIMS））

习题

一、简答题

1. 考虑生产纲领或生产规模时机床的选择原则是什么？
2. 影响一台机床的精度和性能的重要功能部件有哪些？
3. 机床导轨有哪些基本类型？
4. 常用的滑动导轨有哪些形状？
5. 滚珠丝杠主要用于哪类设备？
6. 按照结构布局，铣床有哪些类型？
7. 常用的钻床有哪些类型？其各自的工艺范围如何？

8. 镗床主要用于哪个结构类型的工件？

9. 简述刨床的主要类型及其适合的加工工件种类。

10. 试述数控机床的工作原理和特点。

11. 加工中心与普通数控铣床的差异何在？

12. 并联机床的主要特点是什么？其应用场合如何？

13. 柔性制造系统有哪些基本组成？举例说明柔性装配线的优点有哪些？

14. 什么是集成制造系统？

二、选择题

1. 与卧式车床相比，立式车床的主要特点是主轴轴线（　　）于工作台。

A. 水平　　　　　　　B. 垂直　　　　　　　C. 倾斜　　　　　　　D. 交叉

2. （　　）车床适合车削直径大、工件长度较短的重型工件。

A. 卧式　　　　　　　B. 立式　　　　　　　C. 回轮　　　　　　　D. 转塔

3. 无心磨削时，工件中心必须（　　）导轮和砂轮中心线。

A. 高于　　　　　　　B. 低于　　　　　　　C. 等于　　　　　　　D. 倾斜于

4. 多品种少批量的生产模式应当选择（　　）。

A. 单一功能机床　　　B. 专用机床　　　　　C. 高效机床　　　　　D. 通用机床

5. 卧式铣床的主要特征是机床主轴轴线与工作台台面（　　）。

A. 垂直　　　　　　　B. 交叉　　　　　　　C. 倾斜　　　　　　　D. 平行

6. 组合机床最适合加工（　　）。

A. 轴类零件　　　　　B. 齿轮零件　　　　　C. 箱体零件　　　　　D. 叉架类零件

7. 主轴具有最多自由度也最灵活的机床是（　　）。

A. 普通数控机床　　　B. 加工中心　　　　　C. 并联机床　　　　　D. 柔性制造单元

8. 自动立体仓库及自动搬运小车常常用于（　　）场合，解决物流自动化问题。

A. 柔性制造（装配）系统　　　　　　　　　B. 半自动生产线

C. 流水线　　　　　　　　　　　　　　　　D. 修配制造厂

三、填空题

1. 矩形导轨和燕尾槽导轨侧向间隙的调整常常采用_____来实现。

2. 牛头刨床装有刀架的滑枕的往复直线运动由床身内部的_____机构实现。

3. 数控机床是一种以_____作为指令信息进行控制的机床。

4. 加工中心是一种带有_____和_____的数控机床。

5. 加工直齿圆柱齿轮，安装滚刀时，滚刀轴线必须与被切齿轮端面_____。

6. 为了实现加工过程中的各种运动，机床必须具备动力运动源、_____和执行机构三个基本部分。

7. 机床床身通常采用_____结构以保证足够的抗弯和抗扭强度。

8. 实际生产中应用最广泛的机床床身材料是_____。

9. 铸铁床身有时采用封砂结构是为了_____。

10. 齿轮变速装置通常采用三类齿轮是：固定齿、_____和_____。

11. 刀柄与主轴的连接配合一般采用锥面的目的是_____。

12. 集动力源和执行机构于一体的回转装置是_____。

13. 集动力源和执行机构于一体的直线移动装置是_____。

四、判断题

1. 滚珠丝杠的螺母间隙不可调整。　　　　　　　　　　　　　　　　　　　　（　　）

2. 同步带传动也会打滑。 （　　）

3. 齿轮变速箱可以实现无级变速。 （　　）

4. 液压牛头刨床不如曲柄滑块的机械刨床工作平稳。 （　　）

5. 滑动导轨的磨损通常比滚动导轨更小。 （　　）

6. 静压导轨通常用于精密机床。 （　　）

7. 铸造的机床床身通常不需要做时效处理。 （　　）

8. 大理石、花岗石导轨的热稳定性较差。 （　　）

9. 数控机床的传动装置常常采用滚珠丝杠、同步齿形带。 （　　）

10. 空套齿也叫惰轴齿，它不改变传动比的大小，只改变运动的方向。 （　　）

11. 卧式车床一般加工大型工件，立式车床加工小型工件。 （　　）

12. 牛头刨床通常加工小型工件，龙门刨床加工大型工件。 （　　）

13. 双面铣床工作时工件的双面受力可以达到部分或完全抵消。 （　　）

14. 台式钻床通常加工大型工件，摇臂钻床加工小型工件。 （　　）

15. 卧式镗床只能用于镗孔的功能。 （　　）

16. 刨床工作时都需要作到慢进快退。 （　　）

17. 龙门刨床可以实现多个表面同时加工。 （　　）

18. 拉床是运动和结构最为简单的机床。 （　　）

19. 内圆磨床的砂轮转速通常比外圆磨床的转速高得多。 （　　）

20. 插齿机的加工效率比滚齿机的高。 （　　）

21. 开环控制系统数控机床的加工精度比闭环控制系统的高。 （　　）

22. 一般高精度的数控车床都采用具有位置反馈装置的闭环控制伺服系统。 （　　）

23. 汽车厂的柔性总装线可以实现不同的车型混装。 （　　）

五、计算题

按照题图所示传动系统完成下列各项：

①写出传动路线表达式；②分析主轴的转速级数；③计算主轴的最高、最低转速。

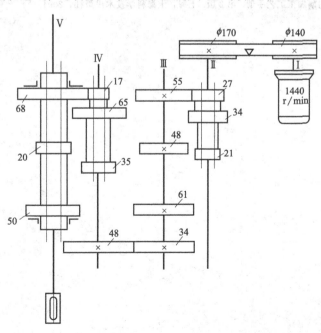

参 考 文 献

［1］　Serope Kapakjian，Stever R. Schmid，Manufacturing Engineering and Technology (Fifth Edition)，制造工程与技术，北京：清华大学出版社，2006.

［2］　P N Rao　Manufacturing Technology——Metal Cutting & Machine Tool，制造技术——金属切削与机床. 北京：机械工业出版社，2003.

［3］　Helmi A Youssef，Hassan EI-Holf，Machining Technology：Machine Tools and Operations，Boca Raton：CRC press，2008.

［4］　Soares，Claire. Process Engineering Equipment Handbook，New York：McGraw-Hill，2002.

［5］　Frank Kreith，The Mechanical Engineering Handbook Series，Boca Raton：CRC Press ，2005.

［6］　Mobley，R. Keith ，Plant Engineering-Handbooks，manuals，Burlinglon：Butterworth-Heinemann，2001.

［7］　Gwidon W. Stachowiak，ENGINEERING TRIBOLOGY，Burlington：Butterworth-Heinemann，2000.

［8］　Loan D. Marinescu，Tribology of Abrasive Machining Processes. Norwich：William Andrew publishing，2004.

［9］　Hemi youssef，Machining Technology：Machine Tools and Operations. Boca Raton：CRC Press，2008.

［10］　U. K. Singh，Manufacturing Processes. Daryaganj：New age international publisher，2009.

［11］　Erik Oberg et al，27th Edition Machinery's Handbook. South Norwalk：Industrial press Inc，2004.

［12］　黄云、朱派龙. 砂带磨削原理及其应用. 重庆：重庆大学出版社，1993.

［13］　朱派龙，孙永红，机械制造工艺装备. 西安：西安电子科技大学出版社，2006.

［14］　朱派龙. 机械专业英语图解教程. 北京：北京大学出版社，2008.

［15］　朱派龙. 图解机械制造专业英语. 北京：化学工业出版社，2009.

［16］　朱派龙. 机械工程专业英语图解教程. 第2版. 北京：北京大学出版社，2013.

［17］　朱派龙. 图解机械制造专业英语（增强版），北京：化学工业出版社，2014.

［18］　Zhu Pailong et al. Form Grinding Technology of an Irregular Roller and The Electrolytic In-process Dressing for The Form Grinding Wheel. Switzerland：Key Engineering Materials，2001，VOL. 203.

［19］　朱派龙. 双磨头高效镜面抛光装置及其镜面抛光的工艺方法（P）. 中国发明专利，ZL200410026653. 3.

［20］　朱派龙. 砂带无心磨削与研抛的粗/精加工一体化加工装置（P）. 中国发明专利，ZL200710032911. 2.

［21］　吴拓. 金属切削加工及装备. 北京：机械工业出版社，2007.

［22］　陈锡渠，彭晓南主编. 金属切削原理与刀具. 北京：中国林业出版社，北京大学出版社，2006.

［23］　上海市金属切削技术协会编. 金属切削手册. 上海：上海科学技术出版社，2000.

［24］　陈家芳，实用金属切削加工工艺手册. 第2版. 上海：上海科学技术出版社，2004.

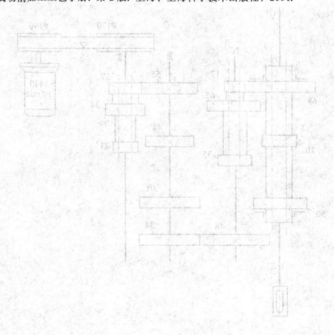